大都會文化
METROPOLITAN CULTURE

大都會文化
METROPOLITAN CULTURE

搶賺人民幣的金雞母

一股開店創業風，正火熱席捲而來！

◎范修初 著

歐元之父羅伯特・蒙代爾（Robert A. Mundell）：

「中國經濟每年有超過 9% 的增長，企業的利潤也在迅速的累積，市場體系本身也有健全成長的潛力……。」

全球經濟正向中國靠攏，搶賺人民幣已是世界趨勢！你，不該再猶豫！

編輯室手札

台灣人愛賺錢世界皆知，但與其說是愛賺錢，倒不如說是喜歡奮鬥，喜歡靠自己打拚，喜歡實實在在的賺錢；而要實實在在的賺錢，最快的方法就是開一家自己的店。有自己的店，就是有了自己的小事業、自己的夢想、自己當老闆不用人看主管臉色！就是這個熱愛奮鬥的精神，我們日夜辛勤，打拚為自己也為台灣，最後造就了台灣奇蹟，讓石化業與科技工業成就了經營之神與台灣首富，而台商精神更是中國人民視為經濟發展、繁榮的指標。

近年來前進中國的台商比十年、二十年前多了許多，賺飽人民幣，大肆建廠拓點，店面一家接著一家開的風光「大頭家」大有人在，然而一「登陸」便跌跤，任人坑矇拐騙還血本無歸回台的受害者更是不勝枚舉。還記得二〇〇七年九月初新光集團少東投資「北京新光天地」，經營權卻被「硬吃」的慘況嗎？在台灣與對岸並沒有簽訂任何投資保護協定的情況下，選擇與當地集團合夥的台商們務必要評估風險，同時多留意海基會所提供的「台商服務中心」、「兩岸經貿

網」，以避免憾事發生。

當然，搶賺人民幣市場是每位商人都迫切期盼的，而到中國開店、拓點更是許多「大頭家」視為成就「總裁」身分地位的象徵。本書就是依照「大頭家」想更上一層樓地成就集團形象的積極精神所精心撰述，在您準備要登「陸」作戰時，請先參考本書中，近年來哪些是中國正紅火的金雞母行業，再全力打拚。無論您經營的是連鎖店、洗衣店、服飾店、婚禮顧問公司或者網路商店，只要每位「大頭家」們能夠確實體察民情，廣結人緣，謹慎、保守行事，同時留意中國政府對每個對台商制訂的管理制度與細節規範，要您的金雞母金雞蛋一顆接著一顆生，同時免去大舉西進卻被「坑殺」的情況，絕對不難。

前言

開店創業就要發揮出特色和優勢，現代市場是個性化的市場。市場上賣同樣東西的店鋪到處都是，要使顧客上門非得有一些特點不可。店鋪的特色，當然要配合顧客的需要。至於如何去發揮，則要特別考慮。除了要注意店址和開店條件，還要考慮該地區的收入水準、文化水準等等。其實，特色並不限於商品，其他如良好的服務、華麗的店面、誠懇的員工等，只要發揮其中一兩項特點，就足以吸引顧客上門了。

以往的店鋪生意經中，「貨賣獨一家」是賺錢的關鍵秘訣。現代市場的發展，這條秘訣已經過時，因爲很難做到「貨賣獨一家」。形成店鋪的經營特色就是現代市場環境中的「貨賣獨一家」。

經營特色，做好特色功夫當然必不可少，現在街上都是商店，若要顧客走進你的商店，你就得弄出一點特色，一家商店好比一個人的特點，商店沒有特色，就變得毫無品味。不知你是否注意到，商店陳列的商品雖然相同，但若服務不

同，則會使商品和價值顯得不同，這就是塑造商店特徵的關係。做好商店特色功夫，就是要適合顧客的胃口尤其是特殊需要。除了要注意地域性和開店條件，還要考慮該地區的經濟水準，文化素質等等。倘若商店開在工薪階層地區，節假日也應該照常營業，有時還可營業到深夜。在發揮特色過程中，有時難免受到空間、人事、技能及資金等現實因素的限制，這時應先從可能的事項著手，一步一個腳印去做好特色文章，如把重點放在自己較爲熟悉的商品及較有競爭性的商品上去。特色服務不能僅限於商品本身，誠懇的態度、合適的店面、員工的素質也是特色之一。筆者認爲，開店就必須經營特色，這樣不僅可以使店鋪經營良好，還避免同質化競爭導致的價格惡戰。爲此，經營特色就必須做到以下幾點：

(1) 善於創新

經營特色，特別是開辦商店，要不斷玩出新花樣才會有發展前景，墨守成規或死搬硬套的模仿他人，終究是跟在人家屁股後面爬行，結果是總慢於他人節拍，使商店很難有經營上的起色。任何商店在經營管理上都必須表現出自己的內在功夫，方可創造出生命力，這也是贏得顧客的要點之一。經營特色就必須勇於創新，在競爭日趨激烈的時代裡，做任何一種生意都有可能碰到各種挫折和挑戰，但必須讓自己去突破困境，而不是隨意削價銷售商品。老闆一定要拿出魄力和決斷力，在創新方面去力求尋找新的機會。

(2) 關注顧客的實際需要

經營特色的一個最大的特點就是關注顧客的實際需要，商店生意興隆與否取決於顧客的購買欲望和購買力，故商店只有不斷關注顧客的實際需要，方可讓消費者買到所要的東西。還有一點不可忽視：顧客的觀念，未必處處跟生意人相同。因此商店只有設法瞭解顧客的需要，然後才能滿足他們。開辦商店，要做到把自己看成是在替顧客採購商品的角色，同時傾聽顧客的聲音，集思廣益，這樣才會全方位瞭解顧客的眞正需要。可以說，瞭解顧客或叫市場調查是開店的「第一步」。

（3）站在顧客的立場上才能突出你的特色

經營特色，就必須站在顧客的立場上，這樣你的店鋪就會越做越大，經營者如果不追求成長，或不向更高目標衝擊，你就體會不到身在商海的喜悅和充實感。一個生意人若只想混日子，整天抱著成長與否都無所謂的心態，那麼，在你商店裡的員工就會受到一種潛移默化的影響。商店業務的成長，通常都是以營業額來衡量。要想提高營業額，就必須加強與經營有關的一切活動，如銷售、採購、資金、人員等等。當然，這些強化的工作，必須建立在一個完善的總體經營理念上。

（4）把握潛在的良機

經營特色，就必須能夠把握住許多商機，如果能夠抓住，很多時候，生意的成功在於是否能夠掌握潛在的良機。商店在平時要善於選擇適當時機，調查顧客預定購買的物品以及購買時間，這樣在銷售上就方便了。以電器商店爲例，爲顧客送貨或修理，事情辦妥後，不要扭頭就走，最好附帶看看顧客家裡其他電器是否有毛病，順便作一點簡單的服務，培養顧客對你的信賴感。還有，在安裝或修理過程中，你要盡力表現出一種親切又細心的態度，營造顧客對你產生好感的氛圍，這樣一來，這個客戶的朋友們有可能將成爲你的新顧客。

(5)追求合理的利潤

經營特色目的就是追求合理的利潤，開商店，目的就是嫌錢，所以，不能單憑賣的方式一味地去吸引顧客，而是應以更好的服務內容去獲得正常的合理的利潤。然後從正常的利潤中，取出一部分再投資到整體事業中，以便長期性地對顧客提供更完美的服務以及更佳的商品。

經營特色就是避免同質化競爭。麻雀成群結隊，喜歡群食，只要發現一點食物，就一哄而上，爭而食之，爭的結果，使得不少麻雀白費功夫，勞而無食。然而，在市場競爭中，有不少商家爭占市場，也熱衷於打「麻雀戰」，看到別人經營服裝賺了錢，心裡就癢癢，不爭而食之就難解心中不快，沒隔幾天，張三、李四、王五一齊趕來，你賣西裝，我也賣西裝；你賣眞絲裙，我也賣眞絲裙，千人

一面，千篇一律。很多經營者就是見不得別人的生意紅火，見了就跟，今天看見別人開酒吧有錢賺，不加分析論證，也把老本掏出來辦個酒吧；明天看見別人經營加油站發了財，貸款也要搞它個規模更大的加油站。如此這般依葫蘆畫瓢，拖垮了他人，也賠掉了自己。

須知，激烈的市場競爭，值得應用的是「老鷹戰術」，老鷹翱翔藍天，俯瞰大地，居高臨下，視野開闊，發現目標便抓住契機，一舉捕之。經商辦企業也一樣，忌諱一哄而起，講究的是獨闢蹊徑，敢於開拓，創出個性與特色。

目錄

目錄

第七章 汽車裝飾美容店

第八章 網上商店

第一章
零售店舖

市場調查的四個方向

市場調查是針對設店預定地開店的可能性再進一步深入地確認與了解，所以調查的結果對開店的決定具有參考價值，現分成顧客調查的方法與競爭店調查的方法，提出較重要的幾項：

一、調查消費者購物傾向

1. 調查對象

以學校或是各種團體的家庭爲對象，或是依據居住地點，以抽樣的方式，進行家庭抽樣調查。

2. 調查目的

對於居住地人士有關年齡、職業、收入對商品購買傾向的影響予以把握，以調查可能的商圈範圍。

3. **調查專案**

居住地名、家庭構成、成員年齡、職業、工作地點、商品購物傾向。

4. **調查方法**

以郵寄的方式或採用直接訪問均可。

二、調查逛街者購物動向

1. **調查對象**

開店預定地步行人數的抽樣調查，或是百貨店主要顧客的調查。

2. **調查目的**

對開店預定地實際逛街者消費購買動向予以把握，以調查零售業的商業潛力。

3. **調查專案**

居住地、年齡、職業、逛街目的、使用交通工具、逛街頻率、商品購買動向。

4．**調查方法**

在調查地點通過的行人，依一定時間段採用面談方式，時間以十分鐘以內爲宜。

三、調查競爭對手

1．**調查對象：**

(1)著重對主要商品更深入地進行調查。

(2)對於一般賣場，在一定營業額或毛利額以上的商品進行調查。

(3)針對出入競爭店十五歲以上的男女。

2．**調查目的：**

(1)對於日用商品的價格線進行調查，以作爲新店面的參考。

(2)對於競爭店面的來客數進行調查，以作爲新店面營業體制的參考。

3．**調查方法：**

(1)主要商品方面，由銷售人員、採購人員與銷售促進人員同行，著重於商品量的調查。

(2)採購人員與銷售人員同行，對於陳列商品的價格、數量進行調查，尤其是過年過節繁忙期間的種種調查更為必要。

(3)了解競爭店時間、日期的出入店客數，尤其注意特殊日期或各樓層流動量的調查。

四、調查顧客流動量

1. **調查對象**

調查地點流動的十五歲以上男女。

2. **調查目的**

開店預定地日期、時間流動量的把握，作為確立營業體制的參考。

3. **調查方法**

可與逛街者購物動向調查並行，而依時間、性別區分。

零售店鋪的選址

一、從認識商圈開始

在什麼地方開店營業是一個十分重要的問題。選擇好的地點開設零售店面，目的是能夠招引顧客，其要訣是具有良好商圈和購買力的地方適合開店。

商圈就是指一定商業區的顧客吸引力所覆蓋的範圍，是維持一定銷售顧客群體存在的地域範圍；而購買力是顧客在購買活動中的消費能力。當然決定商圈大小的因素是複雜的，交通條件的好壞，地形和地域風光，顧客層的活動特點和顧客的收入狀況都是應該考慮的問題。

二、必須考慮的三個因素

影響在商業區內開店的地點選擇的因素主要有三個。

商業區所屬的城市狀況是首要的因素。城市規模的大小，人口的多少，城市的特徵，城市商業狀況，城市的影響力，城市對附近區域的輻射狀況等都制約著店面的發展狀況。

商業區所處城市的位置是第二個因素。該商業區的交通、通訊狀況，其他服務業的設置情況，人潮的集中狀態和購買圈人們的消費水準是應當考慮的。同時商業區在該城市中的發展態勢，是蒸蒸日上的發展期，還是如日中天的鼎盛期，還是日薄西山的衰敗期都同樣重要。另外該城市其他地區的商業發展狀況是否對該商業區產生積極或消極的影響等。

最後，還應當掌握該商業區的店面數量、形狀特點、道路性質、從業種類等。同時該商業區商業精神狀態，是否同心協力，是否唯利是圖，是否有長遠的戰略發展眼光都是極爲重要的。

三、以特定的顧客群爲目標

日用品店的主顧一般是居住在附近的家庭主婦，地點的選擇由主婦的行爲範圍和模式所決定。由於日用品的購買頻率不同，食品飲料類的商品在人們的日常生活中使用頻率高，市場價格的差異性也不太大，主婦在購買過程中是不會捨近求遠的，而且由於心理趨向喜歡單一指向，即像牛奶、麵包之類的日常商品，她在第一天決定從某一商店購買後，在今後的購買中，她就不會輕易改變了。

地區＼次數	每週三～四次	每週一次	兩、三週一次
都市	300公尺	500公尺	700—800公尺
郊區	500公尺	700—800公尺	1500公尺

都市部分郊區裡的居民對那些非食品類的商品，購買頻率相對來說低一些，顧客也會去稍遠一點的商店裡購買。

在住宅區開店，要考慮到該區域的居民是你的服務對象，服務內容該與居民的生活起居飲食密切相關。在住宅區適合開設洗衣店、修理店、雜貨店、食品店、服裝店、童裝店、五金店、藥店、美容美髮店、化妝品店。在住宅區，學生的消費水準也不可低估，所以你還可在學生的消費上動腦筋，只要你能充分保證商品的品質和良好的服務，你便會很快與該地居民融合在一起，使你的生意穩定而興旺。在住宅區開店，房屋租金一般不會很高，這使得你開業投資不會很大。

在學校附近開店，主要以服務學校學生爲主。在開店定位上可針對學生的某一項特定需求。學生的需求很多，衣、食、住、行、文化娛樂、休閒運動等。這裡講的學校，主要是指大學、五專等學校，不包括中小學。大學、五專學校又分兩種，一種是位於交通便利的市中心，另一種是位於城市的郊區，交通閉塞。前者由於其所處市中心位置，故學生的需求不一定依賴周圍的店面。而後一種，學生的大部分需求需依靠周圍的店面，這是由學生的學習和作息時間決定的。

車站由於其南來北往的旅客、人潮使其附近一直被認爲是開店的黃金地點。車站主要以搭乘大眾運輸工具的乘客爲主，但因其年齡、職業、嗜好和目的不同，有出差的、有旅遊的、探親的，故開店時應針對特定的消費客層，在開店方向和經營方式上大做文章。

開店地址以距車站一百至兩百公尺左右爲佳，店面方向最好正對車站出入口，並且以順利進出車站的交通路線爲最佳。開店經營的商品須具備符合生活需要、價位不高、易於攜帶的特點。車站附近適合開設名、特產店、餐飲店、禮品店、食品店、旅社、娛樂性書店、代辦托運店、速食店、飲料店、旅遊紀念品店、出租相機店等等。

在比較偏僻、地處郊區的大學、五專學校附近開店，是一種比較穩定而有利

的投資。店址最好設在距離學校周爲幾百公尺以內，以順路爲最佳，除寒暑假外，收入都較穩定。在這類學校附近可開設餐飲店、流行服飾店、唱片行、眼鏡店、文具店、洗衣店、書店、運動用品店、咖啡店、茶館、撞球店、卡拉OK店、相片沖洗店、日用品店、自行車出租店等。經營此類店面，最關鍵一點是商品價位要經濟。雖然目前的大學生消費水準比過去有所提高，但莘莘學子們畢竟是靠父母提供經濟來源的。在學校附近開店，唯一的風險是來自寒暑假，這也是經營者最頭疼的問題。

在辦公（大樓）區的什麼地方開店和開什麼類型的店，事先應作調查後再確定。如果辦公區內大型國營單位多，未必是好事，因爲其內部常有多種功能和服務的設施。店面若緊鄰金融機構，也未必是好事，因爲到銀行的無外乎辦理存、貸、提款的財務人員，他們一般不願意在附近逗留。店面若鄰近大賣場較好，因人賣場往往能聚集人潮，它周圍的店面自然受益。若辦公區內機構多屬保險、直銷行業的，在此區開店也不好，因其人員大都是屬於外勤人員；若區域內機構以外商爲主，則消費水準高，在此區城開店比較適宜。

目前，在大中城市，純粹的辦公區是找不到的，多半是住、商混在一起。這裡所講的辦公區，僅是相對而言，意指公司聚集較多的地段。在這些地段開店，應充分考慮到，上班族是你的主要消費者。這類消費者的消費水準、消費階層較高，而消費者年齡也不大，一般都是二三十歲的年輕人，因此開店應以這部分人爲主要目標。

辦公區店面的消費者除大部分爲上班族外，當地居住者和外來逛街者也有一部分。上班族有一個特點，由於只有中午有短暫的休息和用餐時間，因此他們不會走離辦公室太遠，所以附近便成了他們用餐、休息之處。因此，離辦公大樓愈近，顧客的來店率愈高，尤其是用餐的地方或咖啡廳、冷飲店。開店以下班路線爲主，上班時因要趕時間，來去匆匆，光顧你店的自然機會少。下班時因心情鬆弛，逛街購物的機會就多得多，故在下班途中設店爲好。

零售店鋪的空間設計技巧

一、內部空間安排

零售店面的空間是指和店面銷售無直接關係的空間，其設計利用的目的是爲

了激發顧客購買的興趣。

店面的空間設計首先要與道路、街道相協調，保護社會環境和自然環境。如果購物的顧客多是騎車或開車來的，其空間設計應儘量安排自行車、小汽車的停放空間。

一般的店面，如能配以引起大衆良好心態的裝飾物，實在是妙不可言。

在店面的佈局方面，應儘量達到店面與顧客相容的效果，只有這樣，才能使顧客進入店內，並在店內自由自在地遊逛。否則如果店面佈局與顧客之間產生抵抗感，結果往往會很糟糕。

第一，在店面及店面內重點地區陳列富有誘惑力的主要商品。這樣能夠使顧客產生好奇的心理。當顧客興趣被激發之後，進入店面就只是遲早的事情了。對那些有興趣的顧客，進一步使其對商品產生更高的購買欲望，使他們在店內的購買活動變爲可能，暢銷商品的陳列更是一個關鍵的手段。

第二，售貨員的目光儘量避免與初入店的顧客目光發生撞擊，這會在顧客心裡自然地產生出一種抵抗感，難以入店。

第三，在店面佈局中，應儘量在靠著牆的地方開設通道。人類由於安全的心理需要，會具自我保護和掩飾心理，使得人們總是習慣於沿著牆壁的一面行走，所以在店面設計佈局時，在必須陳列的商品外牆壁邊最好留出一條通道，店面的中央不要留出太大的空間，最好是陳列商品中間留出一公尺左右供人通行的通道即可。

二、店面的內部裝潢

店面內部裝潢主要包括三個方面，即牆壁、天花板和地板，這是構成店面內部環境的主要因素。如果爲了與外部裝飾取得協調，那麼就無法達到店面形象的整體效果，從而會影響經營整體。

1. 牆壁

壁面也是店面內部銷售空間的一個重要組成部分，作爲陳列商品的背景有很大的功能。店面的壁面在設計上，應與所陳列商品的色彩和內容相協調，與店面的環境和形象相適應。一般有以下四種壁面利用方法：

(1) 在壁面上安置陳列台，作爲商品展示處。

(2)在壁面上架設陳列櫃，用以擺放陳列商品。
(3)在壁面上做一些簡單設備，當作裝飾用。
(4)在壁面上做簡單設備，用以懸掛商品，佈置展示品。

上述各種方法中，第一種方法多為食品店、雜貨店、文具店、書店、藥局等店面所採用；第二、三種方法多為各類服飾店、家用電器店所採用；第四種方法則為傢俱店等主要在地面展示商品的店面所採用。

壁面的材料亦如天花板材料一樣，有許多種類，但比較經濟的是在纖維板上黏貼印花裝飾，使其具有方便拆卸改裝的優點。近年來室內裝潢技術和材料日新月異，各種貼牆裝飾、噴塑牆板、裝飾板等均運用到店面內部裝修上，而店面經營者不必趕時髦，而應以經濟實用為原則。

1.**天花板**

天花板是一種舞台背景與空間設計、燈光照明相配合，形成優美購物環境和特定風格的作用。

天花板的設計，首先是高度問題。如果天花板太高，上方空間就太大，使顧客無法感受到親切的氣氛；反之，天花板過低，雖然可以給顧客一種親切感，卻會使店內的顧客無法享受視覺上與行動上舒適、自由的購物樂趣。天花板的高度是根據營業面積而決定的，寬敞的店面適當高一些，狹窄的店面低一些，一般而言，一個十至二十平方公尺的店面，天花板的高度在二．七至三公尺左右，並且可以根據行業和環境的不同作調整。

其次是天花板的形狀問題。天花板一般以平面爲多，但在其上加點變化，對於顧客的心理、陳列效果、店內氣氛都有很大影響。除了平面型之外，常用的天花板還有以下一些形狀：格子天花板、圓形天花板、垂吊形天花板、波浪形天花板、半圓錐形天花板、金字塔形天花板、傾斜形天花板、船底形天花板。

天花板還應與照明設備配合，或以吊燈和外露燈具搭配，或以日光燈安置在天花板內，用乳白色的透光塑膠板或蜂窩狀的透氣窗罩住，做成光面天花板。光面天花板可以使店內燈火通明，但也會造成逆光現象，如與垂吊燈具結合則可解決此缺點。

至於天花板的材料則不勝枚舉，有各種膠合板、石膏板、石棉板、玻璃絨天花板、貼面裝飾板等。裝修時選擇哪種材料爲好，除了要考慮經濟性和可靠性兩

個要求外，還要根據店面特點考慮防火、消音、耐久等要求。

另外天花板裝潢時也需要注意，假若柱子的間隔太窄，就不便於掛店內的看板，也不能掛布簾，因此無法表現店內活潑的氣氛。在察看間柱的間隔時，聽見較沉重的聲音，這就是安置間柱的地方，不妨多利用這種方法來做簡易的判斷。

2. 地板

不同的地板可以給人不同的印象：剛或柔。以正方形、矩形、多角形等直線條組合爲特徵的圖案，帶有陽剛之氣，比較適合男性商品店面使用；而以圓形、橢圓形、扇形和幾何曲線等曲線組合爲特徵的圖案，帶有柔和之氣，比較適合女性商品店面使用。

地板的裝修材料，一般有瓷磚、塑膠地磚、石材、木地板以及水泥等，可根據店面的需要和經濟承受能力選用，應對各種材料的特點和費用有清楚的了解，再作決定。

瓷磚的品種很多，色彩和形狀可以自由選擇，有耐熱、耐水、耐火及耐腐蝕等優點，並有相當的持久性，但是其缺點是保溫性能差，對硬度的保有力太弱。

塑膠地磚價格適中，施工也較方便，還具有顏色豐富的優點，爲一般店面所採用，其缺點是易被菸頭、利器和化學品損壞。石材有花崗石、大理石等。還有一種是人造大理石，都具有外表華麗、裝飾性好的優點，在耐水、耐火、耐腐蝕等方面亦不用擔心，其他材料遠遠不能及，但由於價格較高，只有在營業上有特殊考慮時才會採用。木地板雖然有柔軟、隔寒、光澤好的優點，可是易弄髒、易損壞，故一般顧客進出次數多的店面不大適合。至於水泥鋪地價格最便宜，但經營中高級商品的店面不宜採用。

因為租來的店面型態已經固定，所以最好先考慮行業的類別，再租下適合的店面。而所租得的店面，其店內的裝潢工程大多還未完成，因此都需要再重新裝潢；並且照明配線等基本線路很少，需要再重新設置。如果是餐飲服務業要租借店面，店內最好有適合做排水設備的裝置。尤其要注意壁面，如果柱子之間的距離太寬，則商品陳列時便無法釘上釘子，相當地麻煩，所以要特別注意。

三、店面的外部空間設計

緊臨街道的店面，在設計過程中，應根據自己銷售商品的性質選擇恰當的外觀形狀。

對於日用品店面，應選擇店面寬度大於店內深度的形狀。這類店面商品品種較多，顧客從外面即可清楚地看到店內，能給人一種安全感和親切感，便於顧客入門，適合顧客層較大、購買方便的業種，如食品類等。

對於耐用品店面，應選擇店內深度大於店面寬度的形狀。這類店面能夠在外觀上對顧客產生一種引誘力。但其比例一般以有利於前後銷售爲宜。在實際操作中，可能出現某一空間是顧客目光很難到達的地方，這時可以把它用作倉庫或供顧客休息用。

零售店鋪外觀的作用一是社會作用，即與周圍社會環境的協調統一作用；二是宣傳店面、招覽顧客的作用。在實際運用過程中，我們更強調後者的作用。顧客在購買過程中最早的心理過程是由視覺引起的。爲了吸引顧客駐足於店面之前，店面的外觀設計應當把店面的主題一覽無遺地表現出來，充滿活力與生氣的店面，能激發人們進入店內的欲望。

店面外觀最主要的方面有三點，即櫥窗、招牌和店面的開放程度，下面分別介紹一下它們的作用和使用方法。

1.櫥窗

櫥窗是一個視窗，不僅僅是商品陳列的架子，而且還是店面向外界宣傳自身形象的一個陣地。現代化店面特別強調櫥窗的展示作用，就在於它有以下一些具體功能：

第一，向顧客提供新商品資訊。

第二，隨著社會環境與自然環境的變化而改變設計，指導流行趨勢，引導消費潮流。

第三，留住往來行人的腳步，製造顧客光臨機會，並刺激其購買欲望。

第四，作為店面外觀的一部分，以特殊的造型設計吸引行人注目。

第五，展示該店面的經營方式，陳列出經常銷售或新推出的商品，體現店面的格調。

櫥窗的形式，要根據店面的位置、營業專案和營業場所的大小而定。一般有三種方式，一是左邊一個或右邊一個；二是左右各有一個；三是左右和中央共三個。一般營業面積小的店面沒必要設置專門的櫥窗，可採用玻璃牆的辦法，這既使所陳列的商品一覽無遺，又能反映店面的經營情況，十分有利於吸引顧客進入

店內。

2. 招牌

招牌是一種門面，好的招牌可以有先聲奪人的氣勢。門面大的店面固然應將招牌設計得冠冕堂皇，而門面不甚顯眼的店面，招牌所發揮的作用就更大了。隨著時代的發展，招牌的種類越來越多樣化了，已不再單是用來題寫店名，也朝著廣告化的方向發展，而且店面外觀幾乎所有的部分都能被用來安置招牌。

五花八門的店面招牌，很難找到兩種完全相同的設計，因爲招牌的特點就是標新立異。然而，招牌的種類雖然各異，在設計上又追求獨特性，但是它仍有共同的要求，這就是四易原則：易見、易讀、易懂、易記，如果缺少其中一項，便會減小招牌的宣傳效果。因此在製作招牌時，必須考慮到以下一些要點：

第一，設計與色彩要符合時代潮流。

第二，字型、圖案、造型要適合店面的經營內容和形象。

第三，夜間營業的店面，招牌應配以燈光照明或霓虹燈設備。

第四，以顧客最容易看見的角度來安置招牌，並以顧客看的位置來決定招牌的大小高低。

第五，店名、業種、商品、商標等文字內容應準確，尤其是店名的選擇以獨特新穎爲佳。

3. 店面的開放程度

根據開放程度，店面可分爲封閉型、半開放型和開放型等三種樣式。

封閉型店面，也有一定的優點，因爲它可以隔絕噪音，保持店內安靜；避免灰塵飛入，造成商品污染，從而有助於提高店面格調。此外，它還能使顧客在店內停留時間延長，在冬夏季則可阻止冷暖氣外泄，給店面經營提供較適宜的溫濕度。

可是，封閉型店面有不易進入的特點，令人在心理上產生不親切的感覺，而且安裝推拉玻璃門等設施在費用上較昂貴。由於在很長的時間內，方便進出被視爲店面經營的第一條件，因此有利顧客輕鬆進出的開放型店面居多，而令顧客不前的封閉型店面則較少，只有少數豪華性的高檔店面才採用封閉型的經營方式。

但在今日，國外的店面已漸漸趨向於封閉型，這是因爲封閉型的一些缺點借助自動門和玻璃牆的安裝已可以解決，而且空調的普及使各店面爭相使用，以製造令顧客感到更舒適的購物環境，這也促使採用封閉型方式。

開放度大的店面，其優點是顧客進出方便，從而可以提高購買頻率和度。因此，對於出售那些日常生活用品需求量大、顧客購買次數多、而價格又低廉的商品的店面來說，適合於大的開放度，如日用雜貨鋪等。但是，一些出售耐用消費品的店面，由於商品的單價高，顧客購買逗留時間長，購買頻率卻不高，則適合於開放度小的形式。

然而有些店面需要因地制宜設計外觀，介紹如下：

1. **繁華街道的外觀**

婦女用品店、嬰幼兒服飾店等，以採用凹凸型或大廳型的設計較易引人注意，店面風格的表現力也較強，除了利用二樓的店面以外，平均起來，還是以平型的店面佔多數。若位於路面很寬的街道上，爲了使遠處的流動客戶注目，其外觀應以變形型的設計較有吸引力。但是位於路面狹窄的店面不可能以外觀來吸引顧客，所以一般說來還是採用平型的設計較好。

2. **地方店面的外觀**

在店面前方有人行道與沒有人行道的，其外觀的設計爲：有人行道的店面銷售業以變形的設計較為理想，其他行業以平型的設計就可以；沒有人行道的店面街不必變形，平型即可。但也不要忘記考慮人行道上的顧客是走往哪個方向，店面外觀雖然這一邊看不見，可是在對面卻看得很清楚。

3．住宅區外觀

住宅區的店面大部分是由住宅改造而成的，樓上是住宅的情況較多，住宅部分也是店面的延伸，採用平型設計即可，可是為了隱密性，以有色玻璃或百葉窗的設計也很適當。

只靠外觀，還不能充分發揮效果，還要利用招牌及照明的強調，才能引起顧客的注目。招牌是為了說明店名和營業項目，所以要放在能見度高的地方，霓虹燈則是為了吸引流動顧客的好奇。另外，為了強調外觀的效果，店外也需合理的照明。

照明設備的色彩、亮度及其強弱應以吸引顧客為目的，尤其是店面位於周圍很暗的地區，這樣的外觀可以產生突出的效果。夜間營業的行業，有時甚至因照明利用方法得當，而產生聚集顧客的效果。

4.正面外觀出入口處的設計

若正面是面對馬路，便能夠吸引流動性的客戶，並擔負宣傳的任務。此外，要考慮店內的誘導性。店面的門面跟普通住宅的門口一樣，從它的外觀看來型態很多，一般說來，可分爲開放型、閉鎖型、中間型。

開放型店面是透過百分之百開放，來提高對流動性顧客的吸引力，外表部分大多是平型。這種型態以餐飲業較多，其他則以物品銷售如糕餅店、書店及自助洗衣店較多。這種店面的特徵是顧客數量較多，但購物平均單價較低。需要強調在店前的店名、招牌及霓虹燈等。

閉鎖型店面以咖啡店、茶坊等較多，物品銷售業包括婦女用品店、中式點心店、美容院及理髮廳等，均是適合停留在店內時間較久的店面。

由店面的外觀看來，以變形店（凹凸型）較多，是利用外觀來吸引流動客戶的視線，物品銷售的店需要以高格調來表現。

中間型的店面是儘量把入口處設計得寬敞些來包圍明亮的櫥窗，以吸引流動顧客的視線。外觀雖然是平面型，但很多店面也在門面突出一至一．五公尺。像婦女用品店、兒童服飾專賣店等提高格調的店面在大都市的市區經常可以見到。

店面類型可分爲開放型——外觀平型，閉鎖型——外觀凹凸型，中間型——外觀大廳型，其實這些不過是代表性的例子，其他的店面也可以把上面的型態組合，考慮地理條件來吸引顧客的視線，設容易進入的店面。下面就來說明一下地理條件和正面的關聯性。

（1）**適合於繁華街道的店面設計**

開放型：漢堡店、霜淇淋專賣店、布莊、義大利脆餅店、義大利麵專賣店、小吃店、咖啡專賣店、糕餅店、中式或西式點心店、文具店、書店等行業。

閉鎖型：禮品店、日常用品店、適合小家庭的餐廳、旅館、雨具專賣店、美容院、首飾店、速食咖啡店、水果店、紅茶專賣店、婦女用品店、嬰幼兒服飾店、手工藝品店、理髮廳、快速沖印店、麵包店、玩具店等各種行業。

中間型：高級服飾店、嬰幼兒服飾店、雨具專賣店、禮品店、日常用品店、書店、手工藝品店、首飾店等行業。

街道的店面入口型態是開放型佔四十％，閉鎖型佔三十％，中間型佔三十％。

(2)適合當地街道行業的店面設計

開放型：漢堡店、咖啡專賣店、茶坊、西式點心店、玩具店、快速沖印店、書店、文具店、自助洗衣店等。

閉鎖型：酒吧、美容院、速食店、理髮廳、麵包店、中式點心店等。

中間型：禮品店、日用品店、雨具專賣店、首飾店、婦女用品店、嬰幼兒服飾店、化妝品店等。

地方街道開放型店面約佔五十%，跟繁華街的餐飲服務業不同，大部分是零售分店，所以閉鎖型最少佔十%，這是因爲當地固定客戶較多，因此不必開設太新潮的店面，只要大家能輕鬆進入就好。中間型的行業若設計成開放型的店面，也可以收到相當的效果來充分地活用顧客的需要，這可以說是成功人士要開業的良好環境，所以要儘量利用店面街道的特性才好。

(3)適合地方都市店面街道行業的店面設計

開放型：漢堡店、霜淇淋專賣店、義大利麵專賣店、小吃店、咖啡店、書店、文具店、快速沖印店、中式或西式點心店、玩具店等行業。

閉鎖型：適合小家庭的餐廳、酒吧、美容院、速食店、茶坊、茶莊、理髮廳、麵包店等行業。

中間型：禮品店、日常用品店、雨具專賣店、首飾店、婦女用品店、嬰幼兒服裝店、手工藝品店等各種行業。

開放型的行業是以餐飲業和銷售品業較多，大部分的店面都屬於中間型，閉鎖型則除了餐飲服務業外，大部分都不適合，一般用品銷售業必須要注意這一點。

(4) **適合住宅區的行業的店面設計**

開放型：文具店、書店、糕餅店、中式或西式點心店、玩具店、咖啡店、自助洗衣店。

閉鎖型：酒吧、美容院、理髮廳、速食業、婦女用品店等。

中間型：日常用品店、首飾店、婦女用品服飾店、嬰幼飾品店、手工藝品店、快速沖印店、化妝品店等。

住宅區一般以固定客戶爲中心，所以大部分的行業都不需要採用閉鎖型的店面。

例外的是高級婦女用品店，這在高級住宅區可以設立，一般住宅區萬不可以

設立的。

四、照明和色彩的設計

燈光是一種強化劑，可以產生意想不到的效果。零售店面的照明手法按作用和性質的不同分三種。

爲了使店面的各個部分得到適度光線而設計的照明是基本照明。以比較均勻的明亮光線爲準則，對一般規模的小型店面，在天花板上方安置一盞暗光燈即可；爲了使店內某些商品清晰可見，以提高商品吸引力而設計的照明是重點照明。這種照明應儘量把光線集中在商品上，從而收到一種視覺突出的效果；爲了突出店面內的裝飾效果，對重點區域進行的照明是裝飾照明。其目的是爲了表現和樹立店面的個性，創造店面的獨特形象。

零售店面的色彩是否符合顧客的心理要求，是否與周圍環境相協調，對店面的行銷有極爲重要的影響。色彩的運用應根據店面的性質特點而定。

色彩是最能刺激人的購買欲的要素了。色彩的特性規律在不同的情況下會有所不同。我們常見的顏色是紅、黃、藍三原色，但三種顏色混合在一起後又變爲黑色，不同的混合，結果會各不相同。幾種顏色混合在一起後變爲五色，這些顏色之間的關係就是補色。

帶有藍色味道的顏色能給人安定的心理感應，稱之爲冷色。

帶有紅色味道的顏色能給人興奮的心理感應，稱之爲暖色。

較淡的綠色和白色使人覺得比較近，這種顏色的物品能給人放大的感覺，稱之爲進出色。

較淡的冷色和黑色使人覺得比較遠，這種顏色的物品能給人一種縮小的感覺，稱之爲後退色。

通常情況下，經營冬季服裝的店面當然應以暖色爲主，同樣的道理，經營夏天飲品的店面應以冷色爲主要的裝飾色。

精打細算用資金

一、先設定一個合理的目標

要想事業成功，必先有一個正確而實際的目標。有些人不重實際，眼高手

低，定了一堆不切實際的設想，到後來一事無成。還有些人目光短淺，既不敢適時擴大或轉變投資，又不敢嘗試任何改革，最終不免被淘汰。說穿了，皆因沒有一個合理的目標所致。

身為店老闆，應該特別注意在固定資產（傢俱、貨架及設備等）及流動資金之間應有一個恰當比例的投資額。開始時應儘量投入更多資金作為流動，固定資產上的投資金額則要愈少愈好。理由主要有二：流動資金通常是事業生機的根源，它可產生銷貨收入與現金流動；固定資產卻不能直接生出收入，而且還可以加重業主的經營負擔，最好完全沒有。特別是雜貨店或平價商店中，他們往往煞費心機地選用最好的櫥窗與貨架，但是眞正的貨品卻少得可憐。你們想，客人要買的是貨品，不是櫥窗、貨架。

這並不是說其他固定資產的投資不重要，但那是以後的事情。在開始時，一切資金都必須正確地投入，用得恰當，而且事先要有充分而詳細的計畫。

二、預計你開始時的成本

預計你開始時的資金，一開始就做到心中有數。當資金沒有問題時就可以開始創業了，但為了有效地經營下去，必須針對每項成本加以控管。這樣你才可以找出你財務問題上的出入，進而解決營運上的問題。

每一項成本的支出都必須清清楚楚，千萬不可含糊不清。即使一個最小型的企業，投資起碼也要十萬元以上。許多店老闆因為沒有尋求到低成本的代替品，所以正式營運時，實際成本往往較最初的預估高了很多。

第一，必須把開始所需的資產列出來，並作好詳細的計畫。譬如，我們要開個雜貨店或平價商店，必須把商品分別放在不同的貨架上，而且貨架存物不能太多或太少，最好控制在多出實際量的五%以內。另外像貨架上的設備與工具等也用同樣的方法列出，項目必須巨細無遺，甚至連日常文具用品的支出也不可忽視。

這項工作的目的有兩點，首先你仔細檢查當初預計的每項成本，然後考慮可否節省一些，說不定因此便能減少你不少成本的支出！其次，店老闆本金小，經不起任何風吹草動，所以開始時一定要採取斯巴達式的嚴厲措施，必須做到絕不亂花一毛錢的政策。

第二，經過系統地減少每個專案的成本，以期使總成本能在合理的範圍內達

到最低，特別像貨架及設備，往往稍微做一些改動就可以節省巨額的成本。

事先有詳細周密的調查是防止任何無法預料成本產生的不二法則。若有很多隱藏的成本必須要有專業技術人員才可預估出來，事先諮詢專門人員可省去日後的麻煩。

市場上的行銷成本也是如此，對產品需求應留有客觀正確的預估，若產品積壓無法銷出，就等於資金壓在那裡，還不如不生產，所以促銷及配貨的各項成本尤其不可忽視。

貸款人和投資人如果沒有正確評估及檢核，匆忙將企劃案推出，這樣，常會導致很多意外的成本發生，這都是怠慢、急促草率的代價。凡是財務調度良好的公司，可以應付一些無法預估的花費而不受影響，但小店老闆就不同了。他們的財務結構都很緊張，經不起風浪，因此千萬別靠臆測，要確實明瞭你的成本結構。

三、降低籌資成本

企業在取得資金後，需要以利息、股息及其他形式付出一定的代價，稱之為籌資成本。利用不同資金來源的成本率在時間、空間行業間的差，選取較低成本資金來源，降低籌資成本。例如，某企業主需在二〇〇八年購進一台設備，主要是透過銀行貸款解決資金來源問題。據分析，利率在二〇〇八年中期將下調，因此，他選在六月份貸款，月利率是〇．九一％，而二〇〇八年初貸款月利率是一．〇八％。這是成功利用利息在時間上的差異降價籌資成本的辦法。又比如，某紡織廠建廠房需要一筆十萬元資金，有這樣幾個地方可以提借，一個是當地銀行以月利率一．〇八％給予貸款，一個是向勞工集資，月利率二％，一個是向外地某信用社借款本，月利率一％。經比較分析，該廠選擇了第三種，他們降低成本的作法就是利用不同地方利息率的不同。

四、資金的周轉是生存的技巧

資金的調度是商家的血液。周轉就是預估收益以及如何抵消開支（指營業開銷及償付債務），但周轉資金最基本的作用，是測試財務結構是否健全。只有運用資金周轉報表，才會發現是不是因爲短期債務，而弄得業績不穩，如果是，就必須設法取得較長期的投資。你的事業能否生存下去，必須取決於數字。

在創業和求生存的階段中，這種以周轉資金來定位的方法，甚至可以代替以結盈方式來定位。到了事業已穩定成長，就可以決定增加利潤而不再是增加資金周轉。有些企業家便在這裡栽了跟頭。

顧客喜歡的和反感的賣場

一、顧客喜歡的賣場

1．賣場氣氛

店內外整體氣氛良好，整潔明亮，道路寬敞，顧客能輕鬆出入，舒適購物，自由選擇商品。

2．商品陳列

商品陳列整齊有序，令人一目了然又不失特色，便於顧客選購又不使顧客感到乏味。在經營範圍內，盡可能豐富商品種類。所售商品中有一部分在品牌、品質或價格等方面應保持與眾不同的特色。

3. **服務品質**

營業人員儀表端莊，服務態度好，親切和善。接待顧客要有「五聲」，即顧客來了有歡迎聲，顧客詢問有應答聲，顧客購物後有感謝聲，不能滿足顧客需要時有致歉聲，顧客離開時有道別聲。同時記熟所售商品的知識，能幫助顧客解決疑問，提供眞誠的建議。

那些令顧客避而遠之的賣場，總是會或多或少地存在某些令顧客望而卻步的方面。

二、顧客反感的賣場

賣場內經常嘈雜混亂，令人疲憊而不適。賣場中不夠潔淨，地上有未經整理的貨物，營業員沒有一定的學習或培訓，欠缺商品知識，一問三不知，難以博得顧客歡喜。或在接待顧客的服務工作中使用了否定、質問、嘲諷等不文明不禮貌的粗話、口頭語和無理的話；頂撞、反駁、教訓顧客的話；刺激顧客激化矛盾的話。

商品陳列的兩種基本方法

講究商品陳列的方式，其目的是爲了提高零售店面的銷售額，最大限度地獲取商業利潤。爲了達到上述目的，商店經營者應本著數量和品種越多越好的原則，對商品陳列的範圍、商品陳列的位置和商品陳列的方法作一番精心的安排，按照自己制定的銷售戰略展示自己的零售商品，讓顧客易懂，且富有巨大的魅力，創造最大限度的銷售機會。

一、以新取勝法

當一家店面新推出一種或一類具有獨立銷售意義的商品時，通常會採用展示陳列的方法。

上述陳列的方法能使顧客一眼便看到這種特殊的商品。當店主爲了向顧客傳遞出這種商品的與衆不同時，展示陳列的商品應置於商店櫥窗的中心位置，給人一種與衆不同的感覺。在展示服裝時可選用極富個性的人型模特兒，以突出服裝的獨特優勢，激發顧客一見傾心、急欲購買的欲望。

二、以多取勝法

對於經營日常生活用品、文具書籍一類的店面來說，其商品的陳列方法最好採用以數量和品種的多寡來取勝的陳列方法。

這種方法一般不在店面營業的空間範圍內堆放過多的物品，而是最大限度地利用店面內櫥架、格子等將商品全場地陳列出來，顧客在接近店面或進人店面之後，會根據自己所需，輕鬆自如地從中選取合適的商品。

利用這些方法，還應該注意商品陳列的位置要與商品的性質和購買者的特點相結合。比如書店內的兒童讀物應儘量陳列在比較矮的櫥櫃上，使他們一進入便可信手取來。男子的身材普遍高於女性，所以商品陳列也應根據消費者的身高、心理因素來確定。

第二章
連鎖店

商圈調查

商圈調查是連鎖企業發展之前應該首先完成的一項重要任務，因爲它直接關係到連鎖店能否開發成功。開一家連鎖經營店，要對店面周圍人口數量、消費習性、消費水準、市場狀況等情況有一個詳細的了解，其基本方法就是進行商圈調查。

一、何爲商圈

所謂商圈，是指以店面所在地爲中心，沿著一定方向向外延伸到某一距離，並以此距離爲半徑，形成不同層次來吸引顧客的區域，或者簡單地說，就是來自顧客所居住的地理範圍。任何一家店面雖然都有自己特定的商圈，但其構成是相同的，即由核心商業圈、次級商業圈、邊緣商業圈三個部分構成，核心商業圈的顧客佔到店面顧客總數的五十％至七十％，是離店面最近的。美國一個折扣店的核心商業圈半徑爲六．四公里，這是顧客密度最高的區域，市場佔有率在三十％

以上，佔本店銷售額的七十％左右；次級商業圈半徑爲六．四至十二．八公里的環形，它的顧客佔到店面顧客的十五％至二十五％，因爲它位於核心商業圈的週邊，顧客比較分散，市場佔有率一般在十％以上，佔本店銷售額的二十五％左右；邊緣商業圈半徑爲十二．八至二十五．六公里的環形，它包括了所有剩下來的顧客，顧客最爲分散，市場佔有率僅在五％以上，佔銷售額的五％左右。

二、商圈的分類

商圈分類是由多種複雜的綜合因素決定的，其大小也有很大的差別，如店面可經銷商品的品種、規格、價格，到購物地點的交通狀況、地理環境條件、周圍店面的競爭與互補性、人口及收入狀況等等。因此，商圈的具體形態可以分爲以下幾類：

1. 住宅區

住戶應比較集中，而且比較多，至少須在一千戶以上。住宅區的消費習性爲消費群穩定；具有便利性、親切性；家庭用品，包括衣食住行等物品的購買率較高。

2.**辦公區**

辦公場所多而集中。其消費習性為：便利性、外來人口多、消費水準較高。

3.**商業區**

商業行為集中，其特點是商圈大，流動人口多，商店多，其消費習性具有快速、流行、消費水準高等特點。

4.**文教區**

附近有大、中、小學校。文教區的消費習性為：消費群以學生居多；消費水準普遍較低；休閒食品和文化用品購買率較高。

三、確定商圈範圍的四種要素

1.**地理因素**

因店面所在地的特性而影響商圈範圍的地理因素有下列六項：道路雖然寬闊，如果車輛太多，也會造成顧客不願光顧；鐵路的阻隔；單行道的影響；陸橋和地下通道的影響；河道或水溝的阻隔；佔地商圈人潮走向的影響。

2. **場地大小**

商店的場地愈大，其店內所擺設的商品就愈多，選擇的範圍就愈廣，品種愈豐富，其所涵蓋的消費群就愈廣，所以商圈的影響就愈大。

3. **日常作用頻率**

也就是指消費者對該店所銷售的商品或服務的日常消費頻率。消費頻率愈高，商圈範圍愈小；消費頻率愈低，商圈範圍則就擴大。

4. **購買特性**

購買特性的差別在於計劃性購買和衝動性引發購買兩種，當消費者購買該店的商品或服務偏向衝動性購買時，商圈範圍較小；偏向計劃性購買時，商圈範圍則應擴大。

商圈調查的要點和方法

一、商圈調查的要點

1．商圈人口數、職業、年齡層人口數的調查相當重要

透過調查可以大概測算出該商圈是否有該店面立足的基本顧客數。

2．商圈的基礎設施和競爭狀況

基礎設施的調查，如商圈內的百貨公司、學校、工廠、車站、公園、企業等。競爭狀況的調查，如產品線、價格線、經營方向、來客數、單價等資料，這類的資料搜集得越多越有利，因爲只有知己知彼，才能百戰百勝。

3．流動人口

店面的地理位置、流動人潮的多寡，直接影響店面的經營成功與否，不同時段的流動人口乘以入店率，可以推算出顧客數以及每天的營業額。

4．商圈消費習性、生活習慣

透過消費習性和生活習慣的調查，可以得知某一形態商業行爲所具有的市場

量的大小。

5.**商圈未來的發展**

包括商圈人口增加，學校、公園、車站的設立，公路的拓寬，百貨公司、大型商場、住宅樓的興建計畫等。

二、商圈調查的四大方法

商圈調查的方法很多，連鎖企業可以根據實際情況進行合理選擇，以下幾種調查方法可以作爲參考。

1.**抽樣調查法**

在確定商圈內，設置幾個抽樣點作爲對當地商圈的實地了解和評估。抽樣的主要目的是了解主要人潮流動的方向、人口和住戶數、交通狀況等。

2.**單純劃分法**

這是最簡單的一種方法。也就是通過多種管道，把搜集到的顧客地址標記出來，繪製成簡圖。然後把簡圖最週邊的點連接成一條封閉的曲線，該曲線以內的範圍就是商圈所在，簡圖需要標示出商圈東南西北大方向的位置，以及在此區域內的競爭店、人員集中的地段、大型集會場所等，道路、街巷也應該標示出來。此外，人潮流動的方向、公共汽車站等也不能忽視。這種方法一般僅適用於原有店面欲獲取本身商圈資料時使用，它最大的缺憾是，設定出來的商圈是有界限的。

3．**類推法**

這是指透過現存分店的商圈狀況來類推擬開設分店的商圈範圍。具體講就是根據店面特性、選址特性、購買習慣進行統計分析以及商圈特性等項目，推定諸條件接近現有的商圈狀況來預測、設定擬開分店的商圈。

4．**詢問調查法**

這是一種由經營者以詢問的方式向顧客了解情況、收集資料的調查方法。可以採用直接詢問、電話詢問、郵寄詢問、放置問卷等方式進行。這是一種常用的方法，通過這種方法取得的資料比較準確。

三、商圈調查的基本流程

階段一：

從宏觀上進行掌握，透過對各種權威性的統計數位與資料的分析，掌握人口分佈（包括增減傾向、零散分佈、人口密度等）、生活行動圈（交通體系、產業結構、購物動向、地形特點等）、中心地區功能分佈（行政區劃、商業概況）等整體情況，然後根據自己的開店政策確定目標區域，主要參照人口規模、地域發展性、商業飽和度等。

階段二：

實施對該特定區域的市場調查。包括立地環境調查、商業環境調查、市場特性調查、競爭店調查等。市場調查的一般程序應該是：確定問題→擬定計劃與方法→製作表格→進行調查→資料整理→資料分析→市場評估。市場調查的目的就是要獲得準確的店面經營的相關資料，它關係到連鎖企業能否順利發展。因此，必須結合自身實際正確運用好商圈調查方法。

階段三：

透過市場調查，篩選出具體的目標地點，主要考察以下幾個方面的內容。可以確保必要的家庭（人口）數的具體位置。如從道路、交通條件等考慮，何處較爲有利？何處易受鐵路、河川等自然性阻礙？何處較有希望成爲生活區和工業區的發展地？何處會成爲人口聚集地？何處從商業環境上講較爲有利？確認有無競爭店？能否在面積、停車場、商品構成、營業力等方面與競爭店形成差別比？何處是將來具有良好發展前景的地區？人口增長率、城市規劃政策是怎樣的？對銷售額做出預測，粗略地確定商圈範圍。

階段四：

對具體的地址進行詳細調查，做出優劣、適宜性的具體評價。主要內容有：土地、房地產的適用性。如土地面積是否合適？是否符合國家指定用途？道路的標誌及該道路的價值判斷（交通量、透視性等）？

對周圍環境狀況進行確認，包括對公共設施、遊樂設施的確認；對將來發展餘地的確認；對感覺上的明暗性做出判斷。

確認排水的可能性，是否有公共下水道。

階段五：

根據土地房地產的優劣順序，對該房地產的每個必要條件做出確認。經過對

房地產所有者、用途、面積的確認，經所有者的認可，制定出設開店計畫書，經房地產公司批准後，簽訂合約。

挑選品牌的四大原則

要成功的加盟連鎖經營，首先要注意特許連鎖加盟四大準則，加盟特許連鎖創業並非易事，千萬別以爲找個總部投資就萬事大吉，一切還是得靠自己精打細算才不會吃虧！

如果你對加盟創業躍躍欲試，但又聽說特許連鎖糾紛不斷，你是該義無反顧地投入，還是再思考一下？

一、評估自己的財務

很多加盟總部都喜歡已婚的加盟者，如果是和有點錢又不是很有錢的夫婦一起來更好。「因爲具有這種特質的人，一方面有經濟壓力，另一方面有工作經驗，是因爲眞正想做這行而來，不會因爲不能吃苦而輕易放棄。」台灣的一位專業人士是這樣評價對於加盟者的選擇。

選擇總公司雖不要貪小便宜、因小失大，也不能因爲投資金額不大，經營的心態上就放牛吃草。台灣某連鎖乾洗公司董事長表示：如果加盟金只有新台幣一、二十萬元，很多加盟主容易存有「虧了就算了」的想法；如果加盟金提高到一、兩百萬元，經營者反而會比較用心。這樣也就對經營雙方加盟店和總部都能得到應有的利益。

二、選擇正確的行業

行業的選擇當然是從事連鎖行業的首要問題。雖然近年來熱門加盟業種每年都幾乎重新洗牌，流行性高的行業「發燒快，退燒更快」，往往使得晚一步的加盟者，猶如「最後一隻老鼠」一般，剛開業就遇到熱潮減退的風險，所投資金血本無歸。

因此，選擇加盟行業的第一準則，即是所選行業須經得起市場的考驗。這是一個最簡單的基準，即是企業發展連鎖經營體系至少已經有兩年以上。

其次，要選擇大衆化、普及性高的商品，這樣比較不會發生流行熱潮一過就

成爲泡沫的問題。有些總公司在招募加盟者時，常會強調產品的獨特性，然而名店一連鎖就喪失了其最重要的獨特性，這句話一針見血地指出了名店難以連鎖化經營的要害。

此外，商圈的普遍性也很重要。像我們台灣的統一超商、柯達照片沖洗等這些分居連鎖店數一二名的企業，不論在商業、辦公、住宅區或混合區都能生存，店老闆一方面容易找到合適的店面，對總公司而言，店數多也才能發展快。因爲合適開店的地點有限，倘使加盟總公司一再強調地點的重要性，加盟者就應該三思，很可能因爲選錯地點而血本無歸。所以選擇具有普遍性的商圈也是極爲重要的。

三、親自到總公司去諮詢

很多加盟者只聽總公司的書面或說明等一些資料，就草率的簽約加盟，等到有糾紛時到總公司一看，才發現總公司比自己的店面還小，根本沒有解決加盟店問題的能力和經驗。因此，親自走一趟總公司與其加盟店，搜集第一手現場資料，是必要的。

在篩選加盟連鎖企業時，准加盟主可以要求總部提供相關資訊，如果總公司不能提供的話，最好再三考慮。另外，可要求總公司提供現有加盟店的家數與地點，請總公司推薦三家與預期商圈類似的加盟店，准加盟主經過挑選後花點時間去拜訪洽談，了解加盟店的實際經營情況是否眞的如總公司所說一般，以及加盟店在正常營運中容易發生什麼樣的問題和應當怎麼應對和總公司的支持程度。

有許多加盟主表示，有些總公司會將成本說得比較低，待簽約後，發現實際數字比當初說的高。所以想加盟的業者要多多請教先前的加盟者，問個明白。這樣就會避免一些不必要的麻煩。

四、好的總公司一定是嚴格的

加盟，對想創業的人而言，的確是一條成功的快捷方式。根據日本零售業的資料統計，有八十%的獨立開店者第一年就關門大吉，能撐到第五年者只有八%；而連鎖店第一年就結束營業者僅有二十%，有七十七%的連鎖店能存活到第五年，這個調查就證明「加盟一定比自行創業划算」。

但同樣值得注意的是，在日本，連鎖總公司設立後五年內即倒閉者將近八成，因此，選擇總公司時一定要要格外謹慎。

找具有一定開店經驗豐富，且連鎖店數達一定規模或發展至少兩年以上的總公司，比較有經營保障。有些新興加盟體系，本身在市場上發展的時間就不夠長，還沒有經過市場的檢驗，顧客的消費習慣尚未養成，容易造成暫時生意興隆的假像。

此外，連鎖品牌的競爭力也是成敗關鍵。觀察美、日零售服務業的發展，連鎖經營的未來必然從單店的競爭邁向品牌之爭，也就是連鎖體系之間的競爭，「有財團背景的連鎖體系，在財力與開發團隊能力較強的情況下，一定會佔優勢」。因此，選擇弱勢品牌的加盟主，雖然可以少繳加盟金與權利金，但相對之下，所能享有的總公司的資源和幫助也較少；許多事情都是要靠加盟店自己打理，競爭力自然也就較弱。

事實上，加盟條件越嚴格的總公司往往有較完整的加盟制度以及較強大的財力與實力，反而較有能力保證加盟者獲利。

正因爲如此，越有信譽的連鎖企業，挑選加盟主時也是把關得越緊。在塡申請表格前，不否認加盟者是有選擇加盟總公司的自由，可是一旦塡完表格，就輪到總公司挑選加盟者了。

挑選加盟品牌的六大標準

近日來，品牌和加盟版塊的人氣比較旺，朋友們也經常提到這麼一個問題，說以前沒有從事過某服裝的經營，現在看到服裝業如此好賺，自己好手癢心癢，想投點資也到這個海裡游游泳，順便撈上一把，可是由於沒有經驗，下列一些經驗，可供參考：

一、產品是否受歡迎

服裝是一種特殊的商品，它的購買完全取決於消費者對商品的喜愛程度。正因爲如此，你所要加盟的品牌服裝在當地的口碑是否良好，產品受歡迎的程度如何，都是需要重點考察的因素。

首先，該品牌在全國各地區的受歡迎程度如何？在消費者心目當中的地位如何？你可以直接向品牌公司索取其以往的銷售資料，也可以從側面了解，由賣場、經營過該品牌的代理商處了解它的銷售情況。

其次，根據該品牌的定位以及產品風格，在當地大概有多少比例的人會對此產品有興趣購買？由此來判斷你的目標顧客群人數是不是足夠。

第三，要看它的產品定價在類似品牌中是不是具有價格競爭力？設計風格跟當地消費者的消費習慣和偏好是不是吻合，儘量避免矛盾和衝突的可能性。

需要指出的是，產品的受歡迎程度一方面是一個品牌多年來慢慢沉澱的結果，另一方面也是跟公司的廣告支持密切相關的。如果一個品牌持續性地在全國性的媒體上播放廣告，保持一定的媒體曝光率，跟它的受歡迎程度一定是成正比的。

二、利潤如何

這一條當然是最重要的原則之一。加盟公司能不能給你足夠的利潤空間？只看表面的供貨折扣和換貨率，是遠遠不夠的，還有很多隱性的項目可能是你看不到的。還是讓我們粗略算上一筆帳吧。**你需要的投入大概有：**

1. 店面租金（可能需要一次性支付三個月甚至半年的租金）。
2. 店面裝潢費用（一次性投入）。
3. 貨品資金（如四十五%的進貨折扣，那麼零售價值在十萬元的貨品，你需要支付四．五萬元）。
4. 人員薪資。
5. 每月的店面日常開銷（水電費用等）。

預計的收入：

根據店面所在商圈的客流量和周邊品牌的銷售情況，估計每天銷售件數，做好最低最好兩種打算，從而得出每天的營業額幅度。一定要記得考慮打折銷售的因素，很多時候商品並不是按照零售定價來銷售的，會有很多促銷和折扣。

接下去把預計的收入和投資相減，估計一下你的利潤範圍大概會在什麼樣的空間？利潤率最高能到多少，最低又是多少？大約多長時間能夠收回它的投資？孰優孰劣，高低立現。

三、品牌在商場中處於什麼位置

在挑選加盟品牌之初，首先應該對自己所在城市的服裝市場做一定的了解，尤其是你店面周邊商圈的同行情況，要做到心裡有底。

如果你所在地區的消費水準尚不能跟經濟發達地區相比，那麼你就不能輕易盲目地引進高價位的服裝；如果你店面周圍連著開了很多家的休閒裝品牌，競爭特別激烈，那麼你可以錯開經營範圍，將目標鎖定在少淑女裝或上班族服裝上，效果一定會更好；又或者當地的消費者偏愛產地在日本的女裝，不喜歡香港產的，那麼你可以優先考慮加盟日本的品牌……把這些問題都明確了，根據這些情況來決定加盟品牌的大致定位，再有的放矢地找尋加盟品牌，才能事半功倍，提高成功率。

在你決定加盟的品牌之前，以下問題的答案你一定要心中非常清晰：

1. **你希望加盟男裝、女裝還是童裝品牌？**
2. **當地能接受的產品價格帶範圍。**
3. **你希望加盟的品牌風格是休閒裝、少淑女裝，還是上班族服飾？**

4. **當地消費者在服裝購買上有什麼特殊的偏好？**

5. **你計畫投資多少？**

這時候你的目標品牌範圍已經縮小到了一定程度，可能已經產生了幾家候選的品牌，然後你可以再根據我們後面提到的專案一條條來進行篩選。

四、公司的發展是否健康

了解清楚品牌公司的發展情況，包括發展歷史、現狀和未來走勢，對你的選擇十分重要。作爲你的供應商，同時也是生意的合作夥伴，你的發展是和公司的發展密不可分的。我們當然希望選擇一家信用度好、成熟且健康發展的公司來一起合作。

如果條件有限的話，至少應該弄清楚公司的以下基本情況：

1. **發展第一家加盟店到現在有多少年歷史？**
2. **目前有多少家直營店，多少家加盟店？計畫擴張到多少家店？**
3. **這家公司的信用情況好嗎？**

4. **公司同時經營的品牌一共有幾個？**

5. **除了總公司之外，公司有沒有其他地區的分公司或辦事處？**

6. **公司是否有擁有自己的生產基地？**

7. **你接觸到的公司銷售人員是否夠專業？**

當然，這裡要指出的是，成熟且發展良好的公司一般選擇加盟商的條件較高，收取的加盟費也高，就是說準入門檻高了，同時能提供的各項支援和服務比較完善，你的成功保障相對高些；而剛剛起步的小公司在這方面沒有限制或者限制很少，但是由於尚未定型，可能遇到的各種問題會比較多，相對冒的風險要大些。兩者的取捨就要看你自己的投資預算和生意經驗了。

五、是否能正常的得到供貨

這一條往往會被很多人忽略掉，但其實確實非常重要。哪怕你在其他方面都做的完美無缺，但你想要的暢銷品種經常斷貨，你的生意怎麼會好呢？

同時，要在加盟之前了解清楚這一點還是有點難度的。因爲如果你直截了當地問公司的銷售人員，他們一定會拍著胸脯告訴你，讓你放心，他們的供貨非常好。而實際情況是，現在國內很多的中小品牌在這方面或多或少都會存在問題，這一點一定要有充分的思想準備——除非你選擇的是有一定規模的成熟品牌，你才可以充分信任他們。

不過有難度不等於就沒有辦法了。你可以透過公司，或者其他種種管道拿到目前正在經營（或曾經經營過）該品牌的加盟商的電話號碼，直接打電話去諮詢他們，得到的回答才是最眞實可信的。

六、培訓和服務支援情況如何

目前很多從事服裝生意的加盟商大多缺乏生意經驗，要保證生意的高成功率，非常需要公司的培訓支援。從店面形象、陳列指導，小到貨品管理、促銷手段的運用，如果公司能夠有一整套的方法培訓你，那你生意的成功就有了一大半的保證，反之則前途渺茫。

成熟的品牌公司在各地的加盟店應該像是一個模子裡刻出來的，在形象、道具、貨品陳列、店員的服務等各方面都是統一的。要想了解一個公司管理培訓加盟店的水準如何，很簡單，多看幾家不同地區的店，情況就一目了然了。這一

點，像佐丹奴、Hand Ten登這樣國外的成熟品牌運作得很成功。跟這樣的公司合作，從第一天開始，公司就會爲你制定詳細的培訓計畫，哪怕你原先的經驗值爲零，你也絲毫不用擔心，只要跟著培訓計畫學習，你就會成爲一個合格的專業的服裝加盟店的管理者。

但對很多尚在發展期的本土品牌來說，這一點是根本無法做到的。很多公司在收了你的加盟費和貨款之後，就無聲無息了，既沒有培訓課程，也沒有培訓資料。對毫無服裝零售經驗的加盟商新手來說，這幾乎就等於斷送了生意成功的一半可能性，剩下的只能是靠自己做生意的天賦了。不知道跟這樣的公司合作，你對自己的信心還有多少？

所以，在簽約加盟之前，還要問問清楚公司能夠給你多少的培訓和服務支援。

選擇合適的加盟體系

連鎖經營作爲一種先進的行銷形式，無論是對企業還是對個體來講，都是有益的。但是，在洗衣店、照相館、速食店等衆多連鎖店中，並非每一種連鎖經營方式都適合加盟。「知己知彼，百戰不殆」。每一個加盟者在加盟前都需要做好全面的加盟體系評估及調查，弄清楚需要注意的重要事項，以此爲依據確定自己是否適合加盟這個體系。這是成功的第一步，絕不可小視。

一、加盟者自我評估事項

自我評估的內容是比較複雜的，既包括個人的條件，也包括整體的素質。

1. 個人條件

現列出如下事項，僅供參考。

(1) 對欲加盟的連鎖體系是否有比較全面的了解？

(2) 自己的個性是否適合當老闆？

(3) 自己的年齡和健康狀況能不能適合各項行銷業務的開展，能否確保賺回成本並

獲得利潤？

(4) 有沒有足夠的資金和收入，使自己在創業初期能夠打牢基石不斷發展下去？

(5) 有沒有足夠的意志力和決心，去承受創業期間的虧損和挫折？

(6) 是否具有承擔加盟失敗風險的心理承受能力和經濟支撐力？

(7) 個人的能力和條件，是否適合在此加盟體系中得到發揮？

(8) 能否妥善地領導和管理員工？

(9) 願意接受總公司的要求、管理和監督嗎？

(10) 能全心地投入此加盟體系的經營嗎？

(11) 其家庭是否能夠做到全力支持此加盟事業？

(12) 能否籌措到足夠的資金？

(13) 自己所追求的如工作的滿足感、固定的工作、賺錢都能夠實現嗎？

(14) 會不會是一時的衝動而加盟？一個時期後，是否仍能保持同樣的熱情，會不會虎頭蛇尾、三分鐘熱度？

(15) 會產生對總部的不滿嗎？

(16)是不是因爲別無選擇而加入此連鎖體系？
(17)是否已經準備好全身心地投入加盟事業？
(18)是否選擇了合適的店面（地點）？
(19)所選擇的商圈是否經過審愼的評估？
(20)此種連鎖業的競爭優勢和未來的發展如何？
(21)所選擇的連鎖體系是否專業，過去的經驗是否經受過長期考驗？
(22)是否親自拜訪並請教過已加盟的加盟店，從他們那裡學到了什麼經驗？

以上諸條，請加盟者進行認眞思考並做出回答。如果超過十條是負面的，說明你不適合此加盟事業，應該放棄原來的意向；如果只有五至十條是負面的，你需要再仔細考慮，並調整自己以後再加盟；如果五條以下是負面的，你就是最適合的加盟者。

任何事情都不可能是十全十美的，只要稍加注意這些負面因素，找出替代或解決的辦法，加盟成功必然是屬於你的。

2. **整體評估事項**

以下十一個方面的內容可作爲加盟前的評估事項，供有意加盟連鎖經營的加盟者做出明確的評估和審核：

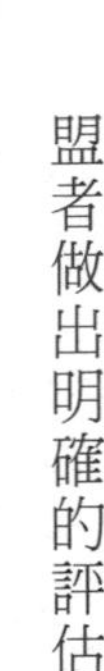

(1)你將加盟的企業是否屬於代表未來市場行銷趨勢的行業？

(2)個人投入該行業的興趣度如何？也就是說，是否與自己的喜好有關係？

(3)是否願意全心地投入？

(4)商圈立地是否合適？店面所在地是否與該店的經營品種相關或相近，連鎖總公司可否提供商圈評估的協助，並協助尋找地點。

(5)加盟者能否負擔加入時所需的總投入和周轉金？連鎖總公司可否協助資金的取得？

(6)如果加盟開辦費用較低，則欲加盟的連鎖系統的開辦費、裝潢費用、設備採購的供應與其同業相比較，可否屬於同級水準？其成本或費用是否較爲節省？

(7)考慮投入經營所需要的每月費用。因連鎖系統整體統一規劃與執行，可爲加盟店節省每月的促銷廣告宣傳費用與行政管理費用。

(8)未來每月、每日的業績預測。如果該連鎖系統的知名度高，得到消費者的廣泛認同，則加盟後即可獲得比同類店更高的業績，如來客數等。

(9) 評估投入經營的可能獲利率。該連鎖體系所提供的經營管理技術能否帶來更高的利潤，其商品進價因集中大量採購，是否能夠比同業的成本低，毛利因而提高？

(10) 預估投資回收期。與同業相比達到一至兩倍以上，或銀行現行利率的二至三倍以上為較佳。

(11) 到已加盟的連鎖店做實地考察、了解。也就是說，在加盟之前要訪問一兩家已經加盟、並在經營管理中取得了一定經驗的加盟者，從中學習他們的經驗，了解營業和獲利情況，進行參考。

二、進入加盟系統的五大步驟

進入加盟系統最好能按部就班，循序漸進。或者說，要按照一定的步驟進行，不可憑想當然辦事。其步驟一般是：擬定經營計畫→認識加盟→彙集了解加盟以深入地分析比較，從中篩選出確有發展前途、能夠獲得成功的加盟體系。

在決定加入某個加盟體系後，接著就是要進行磋商，取得一致意見後簽訂加

盟合約。雖然許多加盟公司強調其共同發展的理念，但基本上仍會從總公司的立場出發來考慮問題，而加盟者也會有自己的思想，爲此，雙方要進行協商，以在保證金、設定抵押的條件上有許可的彈性，尤其是地理位置較好的店面，加盟總公司都會有條件讓步，尤其是在發展的初期，爲求其快速發展，協商的空間較大，隨著連鎖加盟規模的擴大，彈性可能會越來越小。

三、對加盟體系的評估

許多加盟者在考慮選擇加盟體系時，往往主要考慮它的知名度，是否可以使自己獲利，而忽略一些其他問題。加盟者必須對加盟體系進行比較全面的評估。具體地講，主要包括以下一些內容：

1. 品牌知名度

在即將加入的區域，目標客戶對企業的知名度達到五成以上爲可以；達到八成以上爲佳；在三成以下爲不佳。

2. 直營店成功的機率

總公司至少已經經營十家直營店，而且有九成的店有較大的贏利，這是處於最佳狀態。

3. **獨特性與競爭性**

該連鎖體系的產品和服務有獨特性，也就是有自己的特色，其技術含量高，具有較強的競爭力。

4. **盈利性**

產品服務的毛利如果沒有達到二十五%的為不佳；二十五至四十%者為佳；四十%以上為最佳。

5. **普及性**

如果一種產品及服務為消費者普遍需要，經常消費者（如間隔一二天）為最佳；每週一次者為佳；每月一次者為差。

6. **損益平衡點**

損益平衡點高，則預示未來的風險性也高。損益平衡點每日營業額為五千元以內者為最佳；五千至一萬元者為佳；一萬至兩萬元者為普通；兩萬元以上者為差。這項工作要根據行業的特質加以調整。

7. **投資額**

初期的投資額五十萬元以下者爲最佳；五十至一百萬元爲佳；一百萬元以上者爲差。

8. **進入的難易度**

欲加入連鎖體系的加盟者通常要有經驗，而且需要接受訓練。一般的標準是，行業以外的人需要培訓一個星期，實習一個星期。而開店輔導一個月就可以比較熟練地掌握標準，否則就難以進入。

9. **總公司的實力**

依據加盟後總公司可提供的經營軟體、培訓人員的素質、總公司人員任職的時間長短、企劃活動能力等，對總公司的實力進行評估。

10. **總公司內部的管理控制**

無論是否爲上市公司，公司內部都應有一套完整的連鎖加盟制度，其中重點是：

(1) **經營管理系統及執行辦法**。

(2) **加盟店的支援系統，包括人力、物力和財力的支援。**

(3) **收費方面的管理辦法。**

(4) **顧客組織與管理辦法。**

(5) **訂單流程管理系統。**

(6) **持續且分階段的教育訓練辦法。**

11. **合作條件**

必須注意加盟系統所提供的契約條款是否合理，並符合欲加盟者自身的目前實際條件。總公司是否有律師擔任長期的顧問，可以作爲總公司及加盟者各項法律問題的諮詢者。

12. **未來性**

此連鎖行業未來是否屬於成長性的行業，愈來愈被消費者需要和依賴。

以上十二個方面，加盟者可依其重要程度加以綜合評價，按下列五個等級評比打分：

優級：10分；佳級：8分；普通：6分；略差：4分；極差：2分

如果十二項的總得分在八十分以上，加盟者可以放心加盟；在六十至八十分

之間，則必須慎重考慮；如果得分在六十分以下，加盟者就應該放棄。

這裡還有一點應當引起加盟者的注意：不能只看表面的加盟條件，例如加盟金、投資額、可獲得利潤等，重要的是加盟之後長期的考慮，而不是短期獲利。所有的加盟投資，都需要長時間投放，所以能否長期經營及長期獲利才是重點。

四、加盟者需要承擔的兩大風險

連鎖行銷有其巨大的優勢，但也存在著一定的風險。據美國的資料統計，大約有五％的連鎖加盟者會遭到失敗，黯然退出市場。所以，不能只看到事物好的一面，看不到事物存在的兩面性，不能不加分析、盲目地參與連鎖經營。在現實中，因為對各種風險估計不足而導致經營失敗的為數並不少。所以，在看好連鎖經營的同時，對連鎖經營存在的風險也應該有一個清醒的認識。

加盟者在加入加盟體系，雙方還沒有簽約之前，必須考慮所要承擔的兩大風險。

1. 資金回收的風險

許多加盟者在預測資金回收情況時總是持樂觀態度，這不能不說是錯誤的，他們僅簡單地計算總投入預算金額，再以預估或平均毛利率來推算出預期或獲利的情況。這些資料都是粗略的統計，並不是最準確的計算，所推算出來的結果具有表面化的傾向，所以準備加盟者可能因此會被這些表面現象所迷惑，失去正確的評估標準。在這種情況下，可以使用以下幾個方法進行評估。

(1) **實地觀察**

找一家條件相同或相近的正在經營的連鎖店，以其實際投入的資金和目前營運的回收狀況作爲參考，並當面請教該加盟者遇到的問題，記錄下來，仔細思考後找出解決問題的辦法，看自己是否有能力面對它。

(2) **建立一套精確的計算標準**

切記不要採用「大數法則」作爲衡量的標準。例如折舊年限，因爲不同資本或資產的投入，有不同的標準。又如，機器設備類可列五年折舊，而房屋分爲自有及租用，通常因不同行業而有不同的折舊方式。如果是流行性強的行業，像服飾業，裝潢折舊的年限則應考慮改裝的時限，有些是一年兩次或以三年來計算（許多行業，可用三年來設定年限）。另外，房屋分爲鋼筋、磚造等，其各有不同的年限折舊標準。財務管理必須嚴格執行這些規定，否則就是一筆糊塗帳。

在帳目管理中，也要認眞地按會計科目來分類，區別開辦費及各項費用是十分重要的。它使加盟店在做損益分析時，可以清楚地看出結果。

（3）正視自己的缺點

當發現資金回收太慢或出現困難時，就要認眞檢查自己的心態，是否對回收的預測過於樂觀。其實，一家連鎖店在正常的經營情況下，如果第一年結算時能持平，第二年略有增長，第三年眞正開始回收，且營業成績呈上揚曲線，這樣的結果就可以投資。所以三年回收是正常的營運結果。

不同的業態有不同的回收標準年限，有的長一些，有的短一點，無論怎樣，事先都應該進行詳細的測算其投資和回收期，同時也不能忽視周轉金、管理費用的預估和控制。

2. 經營管理的風險

有些加盟者在加盟該行業之前已經積累了比較豐富的經營管理經驗，但多數可能還是外行，這時，就需要參考加盟總公司經營的成功經驗，這一點是非常重要的。最好是先參加總公司舉辦的訓練，深入地了解連鎖體系的經營方針、指導思想以及各項運作方式。這裡需要加盟者特別注意的是，不能自以爲是，憑自己的主觀意志辦事，或者總希望按自己的思維方式進行管理，這是一種不正確的做法。因為長期這樣總公司就無法正常提供支援，反而會影響到連鎖企業的正常發展。同時，無論商品採購、銷售服務的方式等，都應配合總公司來實施。

總公司可能也會有一些問題，如營運支援系統不健全、沒有人員支援加盟店或支援人員的經驗不足、指導不力，這些都可能造成加盟者經營損失。所以加盟者在規避風險時，就要認眞思考以下幾個方面的問題：

(1) 加盟者應該摒棄主觀想像或臆斷，多看多聽成功者的經驗。

(2) 總公司行銷支援系統是否健全？是否有專門人員配合加盟店處理各項事務及活動？

(3) 直營店與加盟店的運作系統是否差異太大？如有不同，總公司如何進行協調或協助加盟店？

(4) 針對顧客服務的各項活動規定，總公司是否有完善的規劃？加盟者是否可自行加入區域性活動或聯合區域商圈活動？

(5) 當加盟者營運發生困難時，總公司可提供什麼樣的協助與支援？

第三章
洗衣店

行情分析

洗衣業作爲一種服務行業，正逐步成爲國內現時的一種長期穩定的投資項目，隨著生活水準的提高，人們對衣物的清洗品質、速度及服務的要求越來越高，所以設備的先進性和服務水準就成爲行業發展的重要因素。

乾洗是人們生活中不可缺少的一項工作，而且其本身發展歷史不是很長，市場潛力很大。但是，也正由於歷史不長，人們對它的認識還很有限，誤解不少；中國地區相關的法律法規不是很健全，出現糾紛而不能合理解決的很多；相關的理論指導很少，中國境內相關的培訓很少，不像電腦培訓，大街小巷隨處可見；從業人員素質普遍不高，根據經驗來經營和運作，很難保證不出問題，出現問題很難去擺平。對於一個準備殺入乾洗行業的新手，建議您多了解一些關於乾洗、水洗的有關知識，多去當地已經營業的乾洗店走走，摸摸情況，了解行情（洗衣價格、贏利情況、設備耗材的費用、設備耗材經營商的多少、價位如何等等）。

燙衣、洗衣是每個人都不會陌生的事情，它是家庭中最重要的家務之一。保

持衣著整潔、美觀、大方是人們的普遍願望。服裝的洗滌和熨燙已形成一種行業。有的人可能會擔心，提供這種服務不知有沒有生意，其實這種擔心是不必要的。有顧慮的人認爲，現階段中國城鎮家庭洗衣機的普及率已經相當高，開洗衣店沒有前途，事實並非如此。雖然功能越來越齊全的家用洗衣機大幅度減輕了家庭主婦的勞動能力，但洗衣燙衣仍然是一項經常性的體力勞動，特別是一些住校的大學生、社會上的單身漢們，大多數人沒有配備洗衣機，他們將洗衣視作一種負擔。另外，住宿的旅客由於許多旅館不提供洗衣服務，也需光顧洗衣店。而餐飲業發達的城市，更有衆多酒樓食肆的大量桌布、圍裙和毛巾也需要洗滌。所以，可以斷定這項服務一定會受歡迎。

如今，白領階層、中高收入者、消費觀念前衛的學生族已成爲洗衣店的主力消費軍，而月收入在基本底薪以下的普通百姓也大多擁有一兩套皮裝或風衣、羽絨系列的衣服，因爲洗滌的要求必須去洗衣店消費。所以，每年的三月、四月、五月份冬裝換洗成爲洗衣業的旺季。服飾的高檔化、面料的特殊性，服飾高消費人群的不斷增長，都給這個行業的發展不斷注入新的生機。

有資料表示，台灣一家洗衣店大約爲一千六百位顧客服務，而北京大大小小的洗衣店目前有三千多家（不計旅館、飯店），按北京市常住人口一千兩百萬計算，北京的一家洗衣店起碼要面對四千位顧客以上，更何況還有幾百萬流動人口。有人統計，在遍佈京城的幾千家洗衣店中，技術設備水準良莠不齊。「小門小戶」佔據了大半江山，而像普蘭德、榮昌、伊爾薩、福奈特等屈指可數的「名門望族」，卻只有二十至三十%的市場份額。

行動計畫

一、找個好師傅

一家乾洗店經營得好壞，師傅始終是關鍵因素之一。根據經驗，洗、熨、說三項要合格。洗衣服包括會區分乾水洗、懂得去污漬、懂得掌握乾洗、水洗設備等；熨的水準基本上直接表現了師傅的水準；說得有道理、客氣的師傅會給客戶留下較好的印象。總之，做老闆的不可能一天到晚都待在店裡，師傅必須能夠獨立應付業務，技術和爲人必須可靠。

二、領執照

到地方政府辦事處登記、領取營業執照。在社區內辦一個洗衣回收點或者洗衣店。

三、加盟洗衣連鎖店

四、到中國工商局註冊開洗衣店

儘管有多種選擇方案，但業內人士認爲，選擇加盟連鎖店是投資較少、風險較小、收回投資較快的優選方案。目前，普蘭德是中國境內洗滌行業中規模最大的一家專門從事各類衣物洗滌、熨燙、保養等服務的企業，具有日洗滌量一萬件、面積爲一千七百平方公尺的洗衣中心，並配有四氯乙烯、氟立昂、石油等各種先進的乾洗設備。目前普蘭德已經發展了一百二十六家連鎖加盟店（含合資公司），它的加盟店統一採用純收衣取活店（所謂門市店），加盟者只需有二十平方公尺大小的門店，按其統一的標準裝修（費用約兩萬元人民幣），並繳納一萬元的押金就可以運作，總投資在八至十萬元，收來的衣服由洗衣中心統一洗並負責往返取送，贏利按五五分成。

連鎖店如何經營管理

一、目標顧客

洗衣燙衣店的顧客分個人（家庭）和單位顧客兩種。單位顧客主要指未開設洗衣房的中小型旅店、有大量髒布料用品須洗燙的酒樓飯館、商場、婚紗出租店和影樓。個人顧客即當地居民、單身漢、住宿旅客和大專院校學生，以及外來人口、商家等。

二、地點選擇

地點選擇是否合適，直接關係著經營者的利潤水準甚至經營成敗。好的地點可以使生意興旺起來，地點不當也可以使生意蕭條下去，甚至倒閉。在一個高地價的地方，加盟者自己買地作經營用很不現實，因此必須租借別人的地方經營。既然如此，加盟者在選址時必須考慮租金這一因素。

租金的高低根據門市的地理位置而定。不同的交通條件、周圍環境、建築物

構造等，租金會有很大出入。把地點設在繁華的鬧市中心與設在居民住宅區或偏遠郊區，其租金水準往往會相差幾倍甚至十幾倍，要儘量節省這筆投資。當然，不是租金越便宜越好，如果租金便宜了，但生意冷冷清清的，加盟者的利潤又從何而來呢？相反，既使一些地方租金昂貴，但生意興隆，加盟者同樣會有不小的收穫。所以選擇一個恰當的店址非常關鍵。

洗衣燙衣服務的經營方式相當靈活，既可開店做生意，也可以在家操作，或在外招攬工作。但從顧客的心理來說，他們對有店面存在的洗衣懷有安全感，無店面經營令人有些擔心自己的衣物有去無回，特別是比較名貴的衣物。所以，還是租個店面經營爲好。地點不一定選擇在繁華鬧市，比較實惠、理想的地點是大學校園區附近、單身未婚人員聚集之地以及企業職員較多的宿舍區，其他如交通要道、餐飲街、旅館較多的長途汽車站、客運站、火車站旁邊等。

理想的店面應具備的條件

1. 繁華商業區商圈範圍比較廣泛，地址的涵蓋力強，人潮量大，營業額必然很高。

2．人口密度高的地區中大型的居住社區。這裡人口集中，需求量必然大，而且穩定，可保證店面的穩定性。

3．客流量較大的街道。洗衣店生意的好壞，也於客流量大小息息相關，採用「前店後廠」式的便捷經營，爲大多數人的需要盡心服務。

三、店面佈置

洗衣店面積約需十平方公尺，內設衣櫃及櫃台。店面必須整潔，水電供應良好，光線充足。裝飾倒不必要，只要乾淨有序就行。

四、服務價格

洗衣燙衣店的服務專案主要有乾洗、手洗、機洗、熨燙，這種分類是根據衣物用料的不同而設定的。例如有的衣物，只能用手搓而不能使用洗衣機；有的衣物不宜水洗只能乾洗；有的衣物不能使用乾衣機，只能自然晾乾。洗燙的衣物，如窗簾布、桌布、工作服、工裝、婚紗、襪子、衣褲等無不包括其中。按布料不

同，有真絲、絲綢、毛料、羊毛衫、羊絨衫、羽絨衫，還有棉麻織品、化纖織品等。總之，凡是用布料製成的用品和衣物，都在洗衣燙衣店的服務之列。

在收取費用方面，根據洗滌方式和衣物用料的品質和分類而有所區別。一般來說，手洗比機洗收費要高出〇．五倍以上，乾洗比水洗收費要高出一倍以上。熨燙更是這樣，一般衣物的收費每件大約五元人民幣，上等的絲織面料衣物、毛料服裝和西裝，或帶有內裡的服飾，收費就要高些，每件在五元人民幣以上。

五、確定經營策略

經營策略是各項經營活動的步驟和方法。包括以下內容：

1. **籌資策略**

包括籌資管道，每個管道可籌數額、利息多少、期限多少等。

2. **品質策略**

從那些方面保證品質，如操作工人必須參加那些培訓？培訓的時間，用什麼方法管理品質等。

3. **服務策略**

如何給顧客營造「溫馨、和諧、舒適」的氛圍，微笑服務，熱情周到的服務。

4. **價格策略**

明碼標價，合理收費。

5. **發展策略**

發展規劃和計畫，從小到大，從低到高，從偏到全。經營方案設計內容要注重可操作性，創造性。描繪你要創辦的洗衣店的宏偉藍圖。

六、確定經營宗旨

在經營技巧上也要有所創新，坐在店裡等客人上門是最笨的方法。爲擴大顧客群，可主動到尚未設立洗衣服務的中小型旅館、招待所，與負責人聯繫設點接工作，而旅館床上用品更應爭取，但服務速度和衣物交回須準時，可適當給予旅館一定數額的仲介費。餐飲行業使用大量的桌布、抹布及其他布製用品，這也是洗衣店極力要爭取的客源。規模不是很大的酒樓食肆，洗滌工作一般都由洗衣店

承包。在餐飲業高度發達的廣州，不少洗衣店就依靠洗桌布生存，並發展壯大。小公司客戶是洗衣店優先爭取的對象，只要在這一塊打開局面，比較零碎的個人顧客業務即使不接，你也能賺取足夠多的收入。

1. 經營目標

爲瞄準洗衣店經營的目標市場，掌握洗衣店所處地區的人文地理，經濟狀況，了解顧客的消費特徵，從而確定洗衣店開辦的經營模式和目標，要不厭其煩地展開調查研究以摸清以下幾個問題：

(1) 當地常住人口，暫住人口、職業與基本收入以及文化素質等。

(2) 當地企事業單位、機關單位、院校的分佈情況。

(3) 當地洗衣店開設情況和經營情況。

(4) 當地區建設與開發狀況。

如地區繁華，白領階層多，人們的品味較高，消費水準高，因此可以確定開辦高檔洗衣店，引進先進洗滌用品，價格可與老字號大小洗衣店持平，還可上抬，高起點、高收入、高價位是未來洗衣店的市場定位。

如所在地區是居民社區，一般勞工階層多，四十歲以上得人多，應定位在開辦中低檔格調的洗衣店，以薄利多營爲主旨，從多方面滿足顧客的消費需要。

2. **經營理念**

目標市場確定後，還要確定自己企業特有的經營理念。如「顧客至上、品質第一」「講信譽，眞誠回報消費者」「爲你衣著潔淨美觀，我們願奉獻眞誠一片」。總之，顧客、信譽、品質是洗衣店應遵從的經營方針。

洗衣店一開業，就會面臨競爭，就要參與競爭。競爭的法則是優勝劣汰。你就要在同行中突出自己的品質、信譽等方面的優勢，而在同等經營方式的同行中如何突出自己的優勢，是設計經營方案中要充分考慮的。

七、職業技能

市面上銷售的衣料、布料多種多樣，一般靠眼睛看它的顏色、質地和色澤，手摸它的質感、厚薄，耳聽它的絲鳴來鑑別織物纖維的種類。紡織纖維可分爲兩大類：一是天然纖維，其中又有動、植物纖維之分；二是化學纖維，其中又有人造和合成纖維之分。植物纖維（如棉、麻）耐鹼不耐酸，用含鹼性的肥皂和普通洗衣粉洗滌不會損壞；動物纖維（如羊毛、蠶絲）怕鹼，遇鹼會溶解，還怕高

溫和陽光，所以應用中性洗滌劑在溫水或冷水中洗滌，切忌在陽光下曝曬，宜陰乾；化學纖維耐酸也耐鹼且耐霉蛀，穩定性良好，易洗易乾。

在洗滌前，也可以察看衣物上的洗滌方法標記。國際上一般用固定的標記來表示相應的洗滌方法。每一個標記都有特定的意義，如「切勿用熨斗」、「用手搓，切勿機洗」、「不宜乾洗」、「不可用於洗衣機」、「不可用水洗滌」、「低溫熨燙」等，共有十八種標記，這些標記也應熟悉。至於無標記的衣料或用品，只能靠工作人員的專業技能去識別了。

熨燙的作用是使衣物的外觀平整、直挺。欲達到這個目的，必須掌握相應的技能和要求：一是適當的溫度。對同一種纖維，如厚實的溫度可高些，薄的溫度須低些，各類纖維織品的熨燙溫度都有一定的標準。二是適當的含水量。熨燙時如何加水，也要根據衣料的成分和厚薄程度來確定。薄料可在熨前噴水，半小時水化勻後再熨，厚料熨時水量要多些，最好採用墊濕布熨的方法。三是掌握一定的壓力。該加多少壓力，要根據纖維織品和衣服式樣而定。

由於熨衣的學問很多，家庭和個人受到設備、工具、技術等條件的限制，一般衣物由自己解決，而較名貴的上等服飾則多送洗衣店洗熨，所以，店主的專業技能就顯得舉足輕重。學習的途徑一是到社區大學開設的家政培訓班或職業培訓班接受培訓；二是購買相關書籍自學；三是跟老師傅學。

八、開張成本

開設洗衣燙衣店，最大的支出是購置洗衣機和電熨斗，其次是衣櫃和店租，最後才是洗滌劑。洗衣機不宜全是那種功能單一的種類，可購兩部，一是只有洗滌功能的家庭洗衣機，用來洗滌普通的廉價衣物；二是滾筒式洗衣機，用來洗滌高級衣物。乾衣機當然也不能缺，雨季非用不可。電燙斗可購買新蒸汽掛燙機（外形如吸塵器），它特別適合服裝店、洗衣店等熨衣量較大的用戶，除可對真絲、絲綢、毛料、羊毛、羊絨等各種布料進行清理熨燙外，其獨特之處在於它能迅速撫平普通熨斗不易燙平的布料，如窗簾、婚紗。洗衣機、熨斗和乾衣機的購置，約需八千元人民幣；店租和衣櫃約需一千六百元人民幣；雇請工人約需兩千元人民幣，洗滌劑和其他開支；總計開張成本爲一萬一千六百元人民幣。不過，在購置設備時不一定要買高級進口貨，國產貨中某些品牌品質也相當精良，若全部採用國產貨，則開張成本有八千六百多元人民幣就足夠了。（編按：實際金額

按當時物價基準而定。）

九、盈利前景

洗衣熨衣店為服務行業，經營成本一次性投入後，所需流動資金很少，每月盈利水準可達到六千八百元以上。如果顧客只局限於在校學生、單身漢、職工和家庭，而無單位顧客，那麼每月純收入將只有三四千元。

洗衣店的經營風險

一、情況分析

在選擇地點方面，需要分析客源、競爭情況。如果客源不足，或周邊競爭太激烈就會出現營業額過小的情況。一般來說，年盈利額小於十萬元人民幣，就要關門或遷址了。因此，投資前的可行性分析是非常重要的。

二、環保問題

目前中國境內普遍採用的洗滌液是四氯乙烯，它如果揮發出來會對人體產生危害，因此必須使用密閉性能好、可回收利用的設備。例如北京市三環以內禁止建立開放式使用該洗滌液的加工廠。

三、淡季與旺季

洗衣行業是一個季節性非常強的行業。每年的三月、四月、五月是旺季，六月以後都是淡季，九月下旬、十月、十一月可算是小旺季。旺季和淡季的營業額相差非常懸殊，淡季常出現入不敷出的局面，有的店採取裁員，或者開闢新的業務來增收。店員也會有跳槽、臨時轉行的現象。

四、員工離職

洗衣店的一些操作環節需要經驗豐富的老手，如熨燙、去漬。熨燙需要二至三年的工作經驗，而去漬則需要更多的專業知識和大量實踐。師傅如果離職，整個店就會陷於癱瘓。想辦法吸引、留住得力人手，以老帶新培養新人是經營洗衣

店的核心。

五、客戶索賠

不需要一年的時間，北京市洗染行業協會記錄的投訴案件就達到二十八起。事實上，還有大量的糾紛是在內部消化掉了。下面案例中的店家講的一個例子值得借鑑。一件高級品牌的棉衣洗滌標識上註明乾洗，可乾洗後內裡壞了，整個衣服變了形。客戶要求賠償，店方解釋原因後建議客戶找商場商量解決。客戶嫌找商場麻煩，糾纏著店主。後來，經過店主耐心勸導，才將此事解決。

洗衣設備的選擇

根據當地的消費水準和氣候條件，以及行業競爭的情況，可以適當地選擇設備。

乾洗店，顧名思義，以乾洗衣物爲主。同時也可根據情況增加一部分水洗服務，如中高檔餐飲業的桌布、小餐巾、員工工作服；桑拿／游泳池的毛巾、浴巾等，由於床單、桌布等需要平熨機的熨燙，一般乾洗店開業之初可暫不考慮。

乾洗店的設備，可以根據經營策略，當地消費，水電氣，洗滌空間的面積，以及投資額等實際情況，有幾種選擇：

1. **加熱方式：採用電加熱設備或蒸汽加熱設備。**

2. **加工量：指單位時間的衣物處理量。**

一般的中小型洗衣店，乾洗機以十至十五公斤的爲宜。

義大利**REALSTAR**公司生產規格型號非常齊全的第五代全系列乾洗機。**REALSTAR**以其專業化的配置，可滿足所有客戶的需求。**REALSTAR**生產的乾洗機設計新穎，匠心獨具，不斷創新，以此確保**REALSTAR**產品可以勝任洗滌所有種類的衣物，包括絲綢、皮草和羔皮服裝。

同時，**REALSTAR**乾洗機在設計上依從嚴格的國際環境保護條例，採用成熟的全封閉結構設計，乾洗溶劑回收效果極好，不但使乾洗溶劑的耗量減小，而且極大地減少了污染。不僅使用了最新技術，全部採用了高品質的零部件（所有重要部件爲不鏽鋼製造），優異的可靠性和低廉的運行成本，充分考慮了環境保護和操作人員健康保護的因素，所以**REALSTAR**成爲高品質的象徵。**REALSTAR**

的乾洗機在世界各地的四星、五星級高級酒店佔有重要地位。

必要的設備

一、水電條件

到中國開店投資之前，根據所在地的條件確認是否有條件開辦乾洗店，主要應具備：

1. 工業用電：電壓三八〇伏特，容量十至七十KW（具體數字由設備種類決定）。
2. 給排水：〇・七t／h（具體由洗滌專案種類和設備容量決定）。
3. 蒸汽供應：壓力在五kg／cm²至七kg／cm²。您可透過以下途徑得到蒸汽：

(1) 乾洗店所在的建築可以提供滿足要求的蒸汽。
(2) 蒸汽鍋爐供汽：燃油蒸汽鍋爐、電蒸汽鍋爐、燃氣蒸汽鍋爐。
(3) 相關設備：自鞏蒸汽產生裝置。

二、設備的加熱方式

在衣物洗滌和熨燙過程中，需要溫度、壓力、蒸汽和時間適當的配合，使衣物得到良好的整理。

主要設備的加熱方式：

1. 乾洗機：蒸汽加熱式和電加熱式。
2. 萬能夾機：蒸汽加熱式和電加熱式。
3. 水洗機：蒸汽加熱式和電加熱式。
4. 水洗夾機：蒸汽加熱式和電加熱式。
5. 烘乾機：蒸汽加熱式、電加熱式、燃氣加熱式。
6. 平熨機：蒸汽加熱式、電加熱式、燃氣加熱式。

第四章
女子服裝店

火熱的女裝市場

毫無疑問，女子服裝佔據了整個服裝市場的大部分，女裝的銷售自然成爲服裝業盈利的一個重要的賣點。服裝產業產品種類繁多，流通形態的多元使女裝店的經營環境產生較大變化，對於女裝店的經營業主而言，了解這種環境的變革，並掌握適應變革的策略就顯得尤爲重要了。

一、女裝店的發展

一般說來，女裝店的發展趨勢大致可分兩種方向。一種是婦女綜合衣服飾品店，從褲子、襪子等小商品到禮服等所有時裝都有銷售，其顧客層次呈現扇形狀。另一種是以小商店爲代表，限定於女士服裝某一商品群的專賣店，這種店的女裝比較單一，顧客呈現斷面狀。

在以前，中國女裝店大多將婦女服裝和兒童服裝一起銷售。甚至，有不少的店裡還銷售寢具、鞋、食品、化妝品等各種各樣的商品，這實際上就是一種複合

化的女裝店。隨著婦女服裝多樣化、個性化的特點日益凸現，出現了女裝專賣店、女性服飾店、女用內衣店、家居服飾店等等多種行業形態。一方面，完全、專一銷售女裝的店比比皆是；另一方面，配合女性的生活規律因素，展開除了女裝以外的配件如鞋、帽子、手提袋、化妝品等所有商品的銷售，則成為了重要的經營內容。

今天，只銷售女性服裝和與其相關商品的配件商品的構想仍在發展，同時也出現了男裝專賣店和「衣」與「食」相組合的新型店面。這種趨勢可以說是經由服裝領域擴大和消費者需求的多元化產生的各式各樣的行業種類、行業形態。但是，重要的不是怎樣組合和選擇什麼樣的行業形態，而是怎樣使自己的店獲得一部分穩定的顧客支援，根據各種需求形成個別相呼應的店。不要去以嶄新的行業引人注目，而是首先營造適合自己存在的地域性、環境、顧客層次等的商店，同時根據條件的變化作相應的行動。

二、女性新的購買意向

婦女時裝的多元化、個性化產生了各種行業形態，女性的購買動向和目標也發生了新的變化。女裝店業主除了店面的規模、設備、人手等因素以外，還要不斷對這些新的動向和目標進行研究，以滿足女性消費者的需求。但隨著商品種類的增加，市場分工的細化，能滿足所有消費者的需求的商店已變得不可能存在了。

當然，不少人也固定在專門的零售店購買自己所有的服裝。也就是說，在婦女消費者中也有靈活熟練使用多個店面的人，最近這樣的購買動向就是兩極分化，同時並存。

這樣的購買當然迫使女裝店的經營策略要進行大變革，簡單的綜合商品也只不過是許多商品種類的一部分，即使是限定銷售，如果無目的地聚集商品也不能吸引消費者。女裝店要明確選擇自己的市場目標的顧客層，或是根據商品的特定化而專門化，選擇適合的策略。

這裡，簡介一下今後市場注意的目標，以前，中國女裝店的對象以職業婦女、年輕女子爲主，年齡層次爲二十歲到三十歲左右。

當今社會，時裝已不僅僅屬於年輕女性，中、老年婦女也愈發渴望借助時裝的時代感來舒緩心理上的壓力。因而以何種顧客層爲目標，要根據人口普查中各

年齡層次的人口分佈（男女分開）來判斷，並須掌握銷售對象的各層面，以發揮經營特色，這樣才會有所把握。同時在現實生活中，要注意生活方式的區分和穿著的區分。

中國女裝市場今後的目標有三種：

1. **職業婦女市場**

有時裝需求的職業女性市場和有工作的家庭主婦正在急劇增加，前者是所謂的單身貴族，後者被稱爲雙薪族，這些人的生活行動範圍廣，對時裝的關心度高，自由支配的費用也較多。

2. **成熟婦女市場**

主要是指經濟寬裕的三十五歲以上的專業主婦市場。她們經濟寬裕，自由支配時間多，因而生活行動範圍更廣，透過興趣、教養、體育等社會活動的參加，對時裝的關心度也較高。而且她們的丈夫也有社會的、經濟的基礎，由於她們擁有大家庭所有成員的家用費的支配權，所以這個階層可以說是一相當大的市場。

3. **中年人和老年人市場**

俗稱爲中老年婦女層。這個層次的人口在急速增加，但是以前的服裝業並沒有積極在這個領域開拓，商品也不能滿足其需求，對此現狀，中老年層十分不滿，可以說需求很大，考慮到高齡者行動範圍較窄，所以近鄰型的小規模女裝店更能發揮其優勢。

市場的定位

只要充分地了解市場需求，才有開拓市場的可能。

一、產品定位

1．**產品在目標市場上的基礎如何？**
2．**產品在行銷策略中的利潤如何？**
3．**產品在競爭策略中的優勢如何？**

所謂的產品定位，系指公司爲建立一種適合消費者心目中特定地位的產品，進行的產品設計及行銷組合之活動。

定位的法則乃強調產品在顧客心中是什麼，而不是產品是什麼。也就是以顧

客的眼光來看產品，而不是從生產者的角度來判斷。

二、市場定位

1. **消費者如何看市場上的產品？**
2. **競爭者如何看市場上的產品？**
3. **市場如何感覺產品？**

所謂市場定位即是在目標市場上找出市場空隙，然後鑽進去填滿，並尋出有利的市場優勢，以籃球卡位的方位，卡住自己有利的位置及卡死競爭者在市場上的位置，使得競爭者在市場競爭中因無法發揮優勢競爭而只能屈於劣勢。

茲將市場定位的有效策略分述如下：

1. **產品大小的市場空隙。**
2. **品牌的市場空隙。**
3. **高、低價格的市場空隙。**
4. **顧客性別的市場空隙。**

5. 包裝的市場空隙。
6. 顏色的市場空隙。
7. 服務的市場空隙。

選擇女裝店地點的條件

女裝店的生意，在絕大部分上受地點的影響。因此，在確立了經營女裝店的策略後，一定要進行地點調查。新開店時，怎樣發現成功率高的地點呢？它的條件是什麼呢？下面列舉一些調查地點時的主要項目：

一、居住者條件

地形、氣候狀況、城市狀況、人口變動、男女人口、年齡人口、收入、產業類別、生產額變動、年齡層的平均消費支出和支出項目。

二、交通條件

道路狀況（高速公路、國道、縣道、市道），各種道路交通量調查，鐵路、汽車的運輸狀況（車站、中途停留站、啓迄到達狀況、乘客人數、其他），街道情況（車道、人行道的區分）停車場、休息場、公園、公共設施，其他。

三、吸引顧客的因素

鄰近街道、鄰近市鎭、鄉村的經濟力對比、商業範圍對比、商業地區、商業街狀況、顧客服務設施（百貨店、大型店、文化娛樂設施）、企業數、商店數、飲食店數、從業人員數、各行業銷售額、各行業店面面積、同行業、相關競爭店的個別情報（數量、位置、店面規模、銷售規模等）及其他。

關於女裝店地點的選擇，要聽大多數人的意見，或與專家進行商量後選擇地點的方法固然不錯，但是僅憑這些還是不能作爲下決定的因素。綜合前面所提到的資料調查法，我們在此爲你提供一個系統的、可靠的條件調查法。

我們把理想的女裝店地點的條件劃分爲三個部分，給予它們相對的分數：

1．**位置優劣↓50分**

其中，一公里內的女性人口數量和女性素質，十分；五公里內的女性人口數量和女性素質，五分；徒步走近預定地的女性人數，五分；交通關係（尤其是車輛的停靠數），十五分；人口增加程度，十分；其他，五分。

2．**店面的範圍大小↓20分**

3．**地勢好壞↓30分**

其中，交通的便利，十分；地形（平地、坡路），五分；視野，五分；周圍的狀況（包括工業區與民眾居住區的連接狀況），五分；其他，五分。

將以上三個部分按比例加減計分，然後合計總分。如果在九十分以上，那麼此地點是較爲理想的開店之地。有天時之利，經營得當，定會生意興隆；如果在七十五至八十九分爲合格，但沒有優勢可言，需付出加倍的努力；如果得分爲六十五分以下，奉勸閣下最好放棄，因爲情形糟糕透了，此地根本不適宜開女裝店，趁早改弦易張，以免後悔。

賞心悅目的商品空間

一、招攬顧客的商品空間

任何一家商店，如果陳列的商品讓顧客見不著，摸不到，那麼也就做不成生意。因此，設計便於顧客參觀選購的商品空間，是相當重要的。

1. 解除商品空間的地盤意識

如何設計便於顧客參觀選購的商品空間呢？最重要的是，設計出毫無地盤意識的商品空間，也就是能夠讓顧客毫無拘束地自由流覽，隨意挑選商品的空間結構。關於這一點，無論何種類型的商品，有無廣大店員空間的商品，都必須密切注意。

除了設計出解除地盤意識的商品空間外，還必須注意合理安排店員空間。不能單純的將店員安置在商品空間的前後，同時也應避免不適當的一些待客方式（有關待客方式後面有專門介紹），這樣才不致削弱商品空間設計的功用。我們經常可以在一些女裝店中，看到店員站在貨物面前等待顧客。在這種情形下，商品空間已受到店員地盤意識的侵略，自然就不會有顧客隨意前去選購商品，而銷售狀況必定不好。因此，店員空間的設置萬不可侵犯商品空間，阻礙顧客參觀商品。

2. 可隨意流覽的氣氛極易招攬顧客

如果想要招攬顧客上門，商品空間固然重要，但還必須準備一些吸引顧客的「設施」。然而，究竟要如何製造這些設施呢？

通常，店面大都認爲商品空間裡只放置商品。其實，一方面，從顧客的角度來看，只放商品的商品空間會令他們感到單調無味，失去進一步流覽的興趣。另一方面，這類商品空間也會讓店員對顧客的反應產生錯誤的認知：看到顧客在看商品，就以爲顧客對商品感興趣，有購買欲望，於是湊上前招呼。但是，顧客對這種略帶強制的推銷商品的訊息相當敏感，繼而產生發自內心的防禦性，也就不會繼續對商品發生興趣，當然更沒有購買的機會了。

在商品空間中放置許多商品之外的擺飾物，並且好好設計放置空間，佈置出一個極溫馨的、愉快的購物環境。這一點對女裝店尤其重要，女性天生愛美，任何美的東西都會吸引她們的。能夠爲商品空間增添如許氣氛的擺飾物、道具及小物品等，會發出令人愉快，而且賞心悅目的訊息。顧客可以在可隨意流覽氣氛的

店面中參觀，購買欲望也會隨之增加。

二、吸引顧客停留的商品空間

在整個店面的空間結構設計中，商品空間必須最最爲搶眼的空間佈置，而且必須能吸引顧客的注意力。所以店面的室內裝潢可以針對廣大的商品空間作多方面的設計運用，儘量使商品空間成爲凸現的主題。

1. 寬鬆的商品空間促使顧客鎮靜

在前面的介紹中曾經提及，吸引顧客進入商店，必須製造可隨意流覽的氣氛。這種氣氛傳達給顧客的是「歡迎光臨、隨意流覽，不買也沒有關係」的訊息。因此顧客可以較爲安心地信馬由韁，以一種鎮靜的、閒逸的心態來面對店面經營和店面中陳列的商品，在店面中停留的時間相對較長，在一定程度上增加了購買的機會。

店面面積廣大，當然是營造寬鬆商品空間的最大優勢。但是，如果店面面積有限，寬鬆的商品空間就必須由店員的行爲來表現了。一方面，店面在佈局時，可選擇沒有店員空間的佈局類型，以彌補店面面積狹小造成的商品空間的不足；

另一方面，要致力於店員的正確服務方式的管理。也就是說，當顧客進入店面時，如果沒有要求，店員最好不要立即趨前招呼，給顧客一個寬鬆的流覽商品的餘地，讓顧客能放鬆心情，細細挑選。

2.充滿生機的商品空間令顧客好奇

當一家店面劃分為三個空間時，是不是必須將每一個獨立起來呢？其實不然，在女裝店中完全可以將三個空間相結合，形成充滿生機的商品空間。與其他店面相比較，女裝店的商品展示方法比較乾脆，通常是由人形模特兒來展示。一些頭腦精明的店面經營者如今已不再固守這種單一的形式，他們在選擇店員時，就把商品展示的功效考慮進去了。讓店員佩穿代表自己店面特色的服飾，並輔以適當的展示，如此一來，會引來顧客的好奇心，店面也因此生機盎然起來。這種時候，便是所謂的三種空間的有效結合。

店員充當了商品展示的功用，商品空間與店員空間合二為一，店員的自我地盤意識降低，加上其承擔了商品展示的工作，會令店員忙碌起來。顧客被這樣的活力所感染，又有好奇心理推動，自然會在店面中流連忘返了。

三、給顧客以安全感的商品空間

不斷吸引顧客上門，可能是每一家女裝店經營者所渴望的。吸引顧客需要從多方面入手。就商品空間而言，除了寬闊、富有特色以外，安全也是一大要素。

1. 有秩序的商品空間是安全的象徵

店面在進行商品空間的設置時，有秩序是其最爲基準的原則。顧名思義，有秩序是指整齊、明朗、劃分仔細。店面商品空間設置的目的在於讓顧客便於挑選商品、購置商品。要達到這樣的目的，前提肯定是讓顧客走進店來。從消費者的行爲心理分析可以看出：井然有序、整齊清爽的店面往往更能吸引他們，並促使他們長時間的在店內遊逛。究其原因，就是這類店面的商品空間很有秩序，帶給顧客的是一種安全的感覺。

人是善於施行自我保護的動物，即使在逛街購物的休閒時候，也會將安全放在首位的。因此，店面經營者在設置商品空間時，應該十分注重其有序性。可以想像，如果一家女裝店，商品空間雜亂，貨物堆放一團糟，給人帶來的也許就是一種整體的搖搖欲墜狀，毫無安全可言。這樣的店會有人願進才怪！

2.**豐富的商品可發出安全的訊息**

店面最具魅力的地方，在於商品空間裡的豐富商品。由於商品豐富，因而觀看商品也是一種享受，本身就可以吸引大批顧客。擁有豐富商品的店面，其商品空間的設置不能局限於櫥窗、櫃台等一類的東西，而可以將商品直接展示在其他商品空間內。這種針對豐富商品所設計的商品空間，等於是告訴顧客在決定購買某商品前需花很多時間，同時，其所賣商品款式新穎、色彩豐富，也同樣在告訴顧客應該精挑細選後再做決定。雖然此類商品空間並沒有將商品設置在專門的展示的地方，但仍散發出強烈的可讓顧客隨意流覽的安全訊息。

任何店面都應徹底消除商品空間的地盤意識，如果商品空間沒有發出可讓顧客隨意流覽的安全訊息，再加上店員總像防小偷一樣的「緊迫盯人」的表現，顧客是根本不可能自動接近的。

出色的女裝店經營者

一、女裝店經營者的特性

從前面的分析，我們可以得出一般的女裝店經營者有如下特性：

1. 以實際經驗爲主要的經營指導思想，重視堅實的管理方法，缺乏科學的管理。
2. 對時裝有一定的預見力，資訊情報的收集力和感受力較其他行業業主強。
3. 對時裝知識的關心度不是很強，尤其不願「拜讀」高級時裝理論。但如果發覺自己的經驗和常識已無法滿足經營所需時，會積極尋找實用而有成效的策略進行自我充實。
4. 對女性心理有較爲深入的了解，對經營狀態有較強的承受能力。

二、女裝店經營者所應具備的條件

當你對女裝店經營者在實際中的這些特性有了大概的理解之後，相信成爲女裝店經營者所應具備的條件你已略知一二了吧：

1. 女裝店經營者是有科學的統計力的人，能敏銳的捕捉時裝資訊。
2. 女裝店經營者是對知識具備較高關心度的人，能對時裝流行趨勢作出正確分析。
3. 女裝店經營者是女性專家，不僅了解女性消費者的心理，還能充分發揮女性能力、特性。
4. 女裝店經營者是能承受較重的精神壓力的人，能在曲折變化的經營活動中應付自如。

精打細算話盈利

一、詳細的規劃

在掌握了地點選擇和資金籌備的策略之後，輪到好好進行店面規劃的時候了。店面作為經營者的一份事業，需要有一套慎密且整體性的規劃。店面的取得是首要的。

開店的地點選定之後，店面是自行改裝、重新購買或租借，每種情況所需的

資金全然不同，根據地點的差異也會造成價格的不同，必須十分注意。以下為開店面經營者提供幾條店面取得的要點：

1. 計算自己擁有店面或租借店面的利弊，不但要核實已取得的檢討費用，還要考慮日後的生意狀況。
2. 租賃店面或房屋時，押金、保證金要多少？其內容、條款如何？為了避免日後的糾紛，必須進行認眞的核實和查證，確定到可以接受為止（如契約解除之際，保證金是全數退回，還是分期退還？）。
3. 店面權利金是多少？內容、條款如何？
4. 店面改裝費需要多少？有些行業最好是請專家設計與估測。根據行業的不同，對於店面裝潢也有擅長與否的差別，在選擇時要特別注意。
5. 店面設備、改裝的費用幾年可以收回？這一項是經營計畫中不可或缺的數位。

二、規劃店面的兩個角度

店面，被稱為商店的臉孔。在對店面進行裝潢規劃時，只從經營者的角度觀察是很危險的，重要的是站在顧客的立場來看，它能表現多少便利性。

1.**經營者的角度**

(1)店面的賣場面積是否有足夠的效率？

(2)店面的陳設能不能滿足營業活動空間？

(3)配不配合顧客階層？

(4)接受促銷活動和服務活動時方不方便？

(5)有沒有注重保持衛生與清潔？

2.**顧客的角度**

(1)出入方便，有親切、歸屬感的陳設。

(2)考慮挑選和購買時的便利性。

(3)對於待客服務感到滿意。

(4)與整個街道的氣氛融洽。

(5)洋溢著清潔感。

三、配合地段做好店面規劃工作

無論店面裝潢得多麼賞心悅目，貨色多麼齊全，又服務的多麼周到，但是地點不適當，生意也不可能興隆起來。這就是爲什麼我們將地點選擇作爲服飾店行銷的首要策略的原因。

在進行店面規劃時，應該徹底研究地點問題，其目的在於：依據營業地點特性，做好店面規劃，輔以適當的營業方針。在本節，我們將集中介紹地段的種類、特性，以及配合地段進行店面規劃的策略。

1. 車站附近

車站這個地點有其特殊性，來來往往的乘客是最主要的顧客群。此類顧客群以隨意購買爲主，其最終目的是候車，必須以選購不耗費時間的服飾爲宜。店面規劃以大衆化的角度進行，待客方式也依賴顧客的不同而有所不同。尤其是定價問題，千萬要愼重處理。

2. 公司企業集中地區

在這一類地段，顧客以上班族爲主。他們有相當的購買力，購買時間集中（午休時間或下班時間）。對此，店面規劃應強調品味，提高營業時間的周轉率。

3. **商業鬧區**

此類地段是約會、聊天、逛街、休憩等動機不一的人士雲集之地，自然也是店面的理想地點，相對的，也是個需要投資較龐大的地段。由於租金、競爭等諸多因素的壓力，要求店面規則有自己的特色，並確實針對某些特定商品經營，走精品化的道路。

4. **住宅區**

顧客以附近居民為主，平日的對象大多為家庭主婦，此地段的店面規劃以表現親和力，及具有家庭外延功能的服飾為宜，同時應特別注重待客方式，歸屬感是此地段店面規劃的要點。

以上是幾個大地段的分析，店面規劃須配合該地點的特性、考慮該地點貨源的補給問題、人潮是否洶湧而至？店面租金是否合理等，以此為問題點，擬定最佳營業戰略，經營透視地段環境的變化，樹立店面形象。

四、確定女裝店之商品線

女性服飾店的生命力在於風格獨特，呈現這一點的重要因素是商品的採購和組合。什麼樣的店賣什麼樣的東西，每一家成功的女性服飾店都很重視商品的選擇與採購。女裝店的商品選擇範圍是以顧客層爲目標的，也與店面型態、市場變化和消費需求關聯甚密，據此我們可以確定女裝店之商品線。

1. 洞悉顧客層

由於女裝店購買層面廣的特點，行業競爭之激烈是可想而知的。據統計，平均一百戶中，約有三至四家女裝店。對此，女裝店經營者若想使自己經營的店面處於競爭不敗之處，除了認眞進行地點的選擇以外，商品的採購亦是至關重要的。好的女裝店面商品採購的原則在於掌握商品的特性，洞悉顧客層，產生獨具一格的販賣特色。

舊有的生活方式已被絢麗多姿、豐富多彩的新天地取而代之，這一點，在女性身上表現的較爲突出，主要關鍵自然是服裝。心理學家在研究女性消費心理時指出：愛美之心表現在女性消費上，常常表現爲追求時尚風雅。女性喜歡在人群中觀察服飾，任何一種新款式、新色彩都會爲她們所注意和鍾愛。因此，女裝店商品的採用絕對是一門藝術，必須考慮社會風俗的趨向，對流行的關心，色彩品味，設計風格，及對女性的態度，心理等各項多做研究觀察。一個出色的女裝店經營者必然是個商品採購的高手，他懂得如何去洞悉顧客層，如何採用適應目標（顧客層）的商品。這正是爲什麼在街頭林立的女裝店中，總會有那麼一兩家格外引人注目的原因。

2. 女性服飾消費需求特點

女裝店經營者要想使生意興隆，不斷挖掘暢銷商品是必不可少的。因此，了解市場變化和消費需求特點是進行商品選擇的要素。那麼處在現階段的女性消費需求特點是什麼呢？我們暫且將其概括爲：求奇、求新、求名、求美、求精、求方便等。具體落實到女性服飾上，突出個性，「自我設計」成爲服裝消費的新追求。

這一特點表現在套裝上已日趨縮減，上下裝搭配成爲潮流；服裝布料呈現出兩極熱中間冷的特點。一極是高檔精細、粗紡呢絨布料受歡迎；一極是物美價廉、宜於更新的各種布料銷路好。此外，飾品熱正在加溫，如手錶、鞋、包、帽子、眼鏡、頭飾、絲巾等飾品，需求都發生了較大的變化。首先是檔次提高了，

其次是配戴用飾品的面廣了，同時飾品消費還表現出追求個性化的需求特點。雖然我們此處討論的重點是女性服裝，但在生活日新月異的今天，服裝已非僅僅指衣服，要追求個性追求與衆不同，服裝的含義勢必得以延伸。

3. 女裝店商品線選擇的依據

其實，洞悉顧客層和了解消費需求都是女裝店進行商品線選擇時的主要工作，這些工作在選擇店型時就應該完成。換句話說，在商店規劃之時，一旦選定了店型，商品線的選擇就有了依據。

女裝店面臨著三種商品線的組合方式。

第一，綜合型：綜合性女裝店經營商品種類較多，但每種類型的規格、花色、品牌較單調，傳統的女裝店大多採取這種組合策略。綜合性女裝店可吸引各種年齡段的顧客，因爲它是以大衆化的普遍需要爲商品組合的依據。但是綜合性女裝店難以滿足個性化的需求，因爲該類店面商品雖多，但由於銷售場地面積和資金的限制，花色款式很難令顧客滿意。

第二，單一性：單一性女裝店經營商品種類單一，但這種單一商品的花色、品牌、規格、款式相當齊全。單一型的女裝店雖然只吸引一部分顧客，但其以專爲特色，佔據了市場層次的優勢，有利於取得最佳的效益。

第三，結合型：結合型女裝店經營的品種少於綜合型，多於單一型。商品的花色、規格、品牌都實行差異化策略，有針對性的選擇商品。

從以上可看出，對於小城鎮、鄉村及城市偏僻地區的女裝店來說，應首選綜合型。如果過於單一，則形不成一定規模的顧客群；對於大中城市來說，民眾消費逐漸進入個性化階段，單一型女裝店可滿足他們的需求，同時，也可以具備相對的接受競爭的能力。但採取這種商品策略有較大的風險，一是排斥了眾多的顧客；二是商品越專，顧客需求量越小；三是單一型商品的來源成問題，搞不好會弄到「買難賣難」的境地。因此，我們認爲，結合型女裝店應該是店面經營者的上上之選，是一種較爲理想的商品選擇、組合方式。它既可以擴大顧客的範圍，又對形成自己的特色大有裨益。

五、基本商品的選擇

女裝店一般說來只選擇女性的外衣、各年齡階段的女性的商品，其有一個相對固定的商圈，且限於大城市的特定地域。屬於其他商業圈的女裝店，一種爲限

定目標，一種爲設定多數的目標，它們都要採用提高銷售額的策略，這項工作直接與商品選擇相關，影響著女裝店經營的盛衰。下面，我們將具體談一談基本商品選擇的方法和考慮原則。

1. **怎樣定目標**

店面各自所瞄準的目標不同是自然的事情，由於經營者對所經營的商品的想法、感覺、表現力等各不相同，各個店的大小也存在著不同，所以才會有女裝店商品線的不同組合方式。在對商品線進行確定之後，還必須考慮商品線的實現，即找到所需要的商品。首先，應制定一份「基本商品選擇計畫書」，然後，以此爲原則，在各季節的主題和概括的基礎上，充分考慮該時節的流行商品，作出「商品選擇計畫書」。有了這兩個步驟的準備，店面基本商品的選擇目標就清晰起來了。

2. **進行多種目標的組合**

在考慮行業種類的組合和商品的選擇時，考慮與中心商品的關聯中最有協同效果的商品組合是不可缺少的，我們將之稱爲多種目標的組合，上面曾經提到過的結合型商品線組合就是這種。這類選擇商品的方法的最大益處在於：盡可能的滿足大面積消費者的需求。

女性的消費心理及女裝店的諸多特點，向我們揭示了一個不爭的事實，那就是女裝選擇餘地較大，女性消費者眼光挑剔。女裝店的經營者若只憑著單一的目標去進行商品選擇，特色也許出來了，但經營面卻日益窄小，要想實現提高銷售額的策略也就難上加難了。

3. 以購買頻率高的爲參考量

在基本商品的選擇中，有一個重要的原則需要掌握，那就是購買頻率特別高的商品群。對購買頻率高的專案優先組合和選擇。

採用購買頻率低的商品必然會使得來客頻率低，這一點對女裝店經營者來說是較爲致命的打擊。店面少有人光顧，人氣始終旺不起來，實際購買的顧客數量會日趨減少，如此一來，到最後就只有關門大吉。所以，我們認爲商品採購一定以購買頻率高的爲參考量。那麼，如何來判定何種商品群的購買頻率高呢？有的人單純只考慮價格問題，覺得價格低的商品購買率會較高，這種觀點是錯誤的。根據商圈和目標顧客層的不同，有時不賣廉價品，而其高級品的購買頻率反而很高。而且，有時同一水準的高級品中根據商品的不同，有些價格極高的商品購買

頻率高，而低價格的商品購買頻率反而較低。這些都是由消費需求特點和消費心理所引起的，只要掌握了消費需求特點和消費心理，發現購買頻率高的商品群就不是一件難事了。

4. 主要商品根據商圈來決定

要突出和保持自己店面的特色，商品是其中一個重要因素。基本商品的選擇各個店面都大同小異，眞正顯示實力的，還在於主力商品的採購。唯有如此，方能脫穎而出，獨樹一幟。那麼，如何選擇主要商品呢？

(1) 商品範圍決定主力商品

我們先來看看女裝店商品選擇的幾個條件：銷售場地面積；庫存投資允許額；風險和預算等內部因素的制約；有限的商業圈；有限的需求；競爭店等外部條件的約束。

商品的選擇是有一定範圍的，且商品範圍是逐漸加大的。為了在一定的數量下取得最大的銷售額，必須精通商品範圍的增加、減少，固定數量中銷售額最大的商品即為主力商品。也就是說，主力商品通常是暢銷商品。

以何種標準來決定主力商品呢？這個標準有年代區分、生活方式分區、商品區分、體形區分等，實際上是以這些標準組合來考慮、來決定主力商品。但是，無論採用哪種標準都不能忽視商品範圍內的女性年齡構成比和生活水準。

(2) **商圈決定主力商品**

營造與自己店面所處的商業圈互相適應的環境是件很重要的工作，此時，主力商品的確可以放在首位，然後依次排列與其關聯度較高的商品。所以，主力商品是要根據商業圈來決定的。女裝店在選擇商品時，應結合以後的銷售策略來進行。

在選定了基本商品後，要從主力商品、次要商品搭配的觀點出發來考慮。一般說來，補充商品和陳列商品在店面中都屬於次要商品。補充商品是層次較低、價格便宜的商品，它一方面可以吸引喜好便宜貨的顧客，增加顧客量；另一方面可以陪襯主力商品的優點，成為顧客購買、選擇時的比較對象，刺激顧客的購買欲望。陳列商品則是層次較高、價格昂貴的商品。不但可以吸引高收入顧客光顧和購買，而且可以提高店面的信譽和層次。補充商品的低層次和陳列商品的高層次，都是相對於主力商品來說的。女裝店中主力商品應佔七十％，次要商品應佔三十％，兩者密切結合才是較佳的商品採購途徑。

除此之外，女裝店中經營者的經營能力及對服飾的感覺也是不可缺少的。對於商圈和主力商品，大多數經營者都保持各方面的平衡，不過各有側重。服飾業出身的經營者趨向於把現在引人注目的商品考慮爲主力商品而疏於適應商圈的特性。相反的，不熟悉時裝的經營者考慮其主力商品要適應商圈，但缺乏關聯商品和服飾搭配的能力。

總而言之，首先要決定適應商圈的主力商品，而後考慮選擇與搭配的關聯商品。有的女裝店經營者沒有確立這種完整的策略，或是忽略了這種策略，只依靠銷售方法，結果受到了挫折。

和氣的待客方式

一、重視接待

經營者開店的目的在於賺取利潤，而這一目的必須得到顧客的認同後方可實現。因而，待客就被提上了每一個經營者的議事日程。雖然如此，大多經營者卻苦於接待無方，這主要還是沒有認清「接待」的內涵所致。

對女裝店來說，接待實際上就是如何爲顧客提供滿意的服務。這項工作，除了店面經營者自己擔當以外，絕大多數時候還是由店員負責的。店員的好壞既是由經營者的眼光和管理方法所決定，又決定著接待工作的優劣，甚而關係著店面銷售的情形。如果顧客來商店被推薦買了後悔的商品，商店雖然暫時的銷售額增加了，但是顧客可能會減少，慢慢地銷售額就會下降，這是不言而喻的道理。因此，店面經營者必須考慮接待。

現代社會中，想獨家擁有劃時代的商品可謂難上加難。衆多的店面都經銷著相同的商品，但爲什麼有的商品顧客盈門，生意興隆，而有的商店卻門可羅雀，買賣蕭條呢？究其原因，可能主要在於店員。有的店面經營者可以制定很好的經營方針，卻不知如何指導店員。

店員的良好態度能夠吸引顧客。在我們對衆多的商店進行觀察以後，可以發現店員的態度對於顧客的行動往往有著極大的影響。換言之，現今店面中的店員已非一個銷售的工具，其本身具有了一股強大的力量，能夠將顧客吸引上門，相反的，也能夠將顧客趕跑。

那麼，究竟怎樣做才能吸引顧客上門呢？這就需要店面經營者不斷培養和激

發店員，讓他們始終以良好的態度接待顧客。通常，顧客較易被店員工作的姿態所吸引。一方面，就商店而言，當店員忙於工作時，會帶來一股蓬勃的生機；另一方面，就顧客的立場來看，當店員的注意力集中在其他事情上時，就不會有受到強制推銷的壓力，也就比較願意走進店裡。我們姑且將店員工作中的這些動作稱爲「招徠力」，如果店員具備這種對顧客的招徠力，態度的良好自然不成問題。如此一來，店內極具生氣，顧客流連忘返，銷售形勢喜人，店員亦就更加努力，形成一個良性迴圈，這樣的店面生意勢必興隆。

二、令顧客卻步的店員態度的癥結所在

有的店面經營者常會有這樣的抱怨：「我很注重接待，我的店員也非常熱心，爲什麼顧客總是不滿意呢？」在這裡，我們想提醒這些經營者，店員的熱心並不是接待中的萬能鑰匙，有的時候，這些熱心會演變成可怕的趕走顧客的行動和語言。看一看，你的店員有下面這樣的情形嗎？

1. 在店內擺出可怕的表情，本人卻自認爲是等待顧客上門的自然態度。

2. 擋在門口，或在店門前表現出迫切希望顧客上門的神態。
3. 顧客一上門，立刻湊上前去。
4. 當顧客剛靠近店門，就招呼「歡迎光臨」。
5. 當顧客走進店內，立即問「請問買什麼？」、「請問買多少？」等等。

諸如此類，都是令顧客卻步的癥結所在。試想一下，如果店員一邊表現出「趕走顧客的行動」，一邊說著「趕走顧客的語言」，這樣的店能吸引顧客嗎？尤其是女裝店，從女性消費心理出發，這些更令人難以接受。這實在是一件簡單的事，但卻易被一般人所忽略。

精彩的促銷

促銷是一種很有效的短期行銷工具，也稱爲銷售促進（Sales Promotion），是指除了人員推銷、做廣告和宣傳報導以外的、刺激顧客購買和經銷商效益的種種市場行銷活動。例如，陳列、演出、展覽會、示範表演以及種種非經營發生的推銷努力。其要點是直接、迅速。這就與促銷組合的另一種方法——公共關係形

成了鮮明的對比。

一家新的女裝店開張，爲了在短期內獲得顧客的認知，需要進行銷售前的促進性宣傳；經營已久的女裝店發展到一定時期，出現停滯不前，銷售業績平平，急需採用新的方式來促進銷售；對於經營下降，銷售狀況差強人意的女裝店而言，促進銷售無疑是一劑良方。如此說來，促銷已成爲各種型態的店面的首要需求，那麼，何謂促銷？

要使銷售促進活動達到預期的目的，就要進行銷售促進管理。其過程包括以下六個步驟：(1)定義銷售促進目標；(2)確定銷售促進對象；(3)限定銷售促進預算；(4)制定銷售促進策略；(5)選擇銷售促進方法；(6)評估銷售促進效果。這六個步驟對女裝店來說，需結合進行。

一、促銷的目標

由於促銷活動是屬於短期性的活動，就需要店面經營者制定明確的促銷目標，並根據這個目標決定採用何種促銷技術。繼而進行促銷工作，保持店面的繁榮和銷售業績的增長。

促銷目標是用來影響顧客行爲的，爲了達到短期間內的增進作用，促銷目標需要注意下列各項：

1. 誘導增進不舉辦促銷活動時所沒有，但所期望的顧客行爲。
2. 促銷目標務必須具體，並集中在單一的目的上。
3. 促銷目標應可以評估，如此才可使促銷結果量化。
4. 促銷目標須有一特定期間，促銷屬於短期性的行銷活動，促銷期可以從一天到好幾個月。
5. 促銷活動必須針對某一地理區域，促銷目標必須包括預算的限制或利潤因素，因爲促銷是和銷售目標結合爲一體的一種行銷組合工具。
6. 集中於影響目標市場的行爲，保有老顧客，激勵現有顧客購買更多商品，並吸引新的顧客，激起反復的購買。

綜上所述，促銷目標的最高策略是使持續光臨的顧客不斷「增加」，後面的促銷技術就圍繞著這兩點展開討論。

二、促銷的六種技巧

促銷技術就是「為具體實現促銷的最高策略而進行的所有營業技術」。不僅是女裝店，任何事業要保持繁榮，作為具體實現最高策略手段的各種技術都是不可或缺的，這些就稱為促銷技術。

促銷技術的方式很多，每一種都有其優缺點，主要還是視店面的具體需求來進行組合選擇。下面是銷售促進經驗的行銷專家經常用來傳播或傳達激勵的促銷方法：

1. **特價促銷**

這是一種直接採用降價或折扣的方式招徠顧客，包括改換包裝和降價昭示。

2. **折價券促銷**

向顧客用郵寄、或在商品包裝中或廣告等形式附贈小面額的折價券，持券人可憑券在購買某種商品時得到優惠。

3. **樣品贈送**

以實物贈送給顧客，使商品的內容得到了解及接受。贈品置於包裝上。

4.**退還貨款、銷貨附贈**

顧客在店面購買一定數量的商品，或金額積累到一定額度時，所採取的貨款退還，店面按顧客購買商品金額比例附加贈送同類商品。

5.**抽獎與遊戲**

透過抽獎或競賽等活動，將獎品發給優勝者，吸引顧客。

6.**買點促銷**

也叫做ＰＯＰ廣告，即設置於店面的廣告物，例如放在架子上的卡片、小冊子，或豎在門口的大型誇張物體，或懸掛在天花板上的告示等。

三、開展促銷活動的最佳時機

新店新開業時，除了有名商店的連鎖店，一般商店的店名都不爲人所知，因此儘早使衆多的人知道店名和開店場再光臨商店是很重要的，因爲只有顧客光臨，才能逐漸使顧客有意識地來採購，慢慢地一部分顧客就會成爲固定顧客。因此，店面完成後再促銷就太遲了，應該在決定開店地點後，馬上就立上「○○女裝店近日開店」的看板。

1. 開店時的促銷重點

自己的商店是近鄰商圈型或是區域商業圈型，其使用的媒體和設置場所也不同，但是大部分的女裝店都是近鄰型，所以我們以此爲主題來講述。

近鄰商圈是指在有限的顧客範圍內的商業銷售，因此，怎樣增加顧客的來店頻率是一個重要的課題。其要點是利用反復的區域密集的促銷活動，使其深入到經營方針、商品和優質的服務中。但是，當初一定要使顧客知道新店的存在，爲此，要在以店爲中心的一公里範圍內的街角、交叉口等地方立上看板等廣告等。

店面位於國道等幹線道路上時，範圍可以再擴大一些，務必要採用汽車和電車的廣告方式。

2. 有效的開店廣告傳播的要點

在開店前，要有充分的時間來準備散發廣告單，有的經營者對於廣告單上的內容只有「便宜」的這種想法不認同，也沒有考慮盡可能吸引更多顧客注意，導致開店的時候也許一個顧客也沒有。因此不只是在開店時，今後也要一直吸引一部分的固定客戶，並要做好這方面的計畫。這類廣告設計的要點是：

第一，在新開店的減價期間，盡可能不採用特別的空間佈局和臨時的商品選擇制度，因爲這不能給顧客以商店本來的形象。

第二，在開店優惠期間，要有確保商品品質、數量。招待、服務的周全體制。

在此期間，常出現這樣的情況：顧客比預想來的多，櫃台前人頭攢動，對業務不熟的營業員和顧客產生摩擦，減價商品一掃而光等。如果一開始就使顧客感到不愉快和不舒服，顧客就會將不好評價廣爲傳播，使得效果正好相反，因此要將充分考慮對應策略。

四、店面促銷四個步驟

店面促銷不只是把商品推銷給顧客，而且是買賣雙方間的資訊溝通，透過提供情報，誘導消費、增加需求、突出特點、穩定銷售，達到實現店面最大利益的目的。店面的促銷活動有這樣一個四部曲。

1. 喚起顧客注意

任何購買行爲都是從注意開始的。所以剖析顧客的注意心理，了解注意的心理，控制顧客的注意力，並讓其集中在本店面的商品上，對店面的商品促銷無疑

有著十分重要的作用。喚起注意既可以藉由醒目的店面設計、典雅或豔麗的色彩等店面形象，以及店員自身朝氣蓬勃、端莊文雅、風度大方的儀表形象來達到，同時，又可以透過店員優秀的語言技巧、商品的展示技巧得以實現。

2. 激發顧客的興趣

顧客對某種商品或某家店面的興趣，一方面可能是需要，另一種則可能是從衆行爲或利益使然。不管如何，這兩者對促進銷售都是大有裨益的。對顧客興趣的激發，示範是很有效的。店面中的店員可以只用表演動作，很少用語言。這種表演性示範在女裝店具體人現爲服飾的展示，要有目的、有計劃地進行，強調要害處，使顧客一看便激發興趣。另外，店面內創造的和諧、友善、信任的氣氛，店員努力接近顧客的情感，強調建立關係，而非急於求成，追求成交的接待方式也會激發顧客的興趣。藉由聆聽顧客的意見，肯定顧客的態度，使顧客感到輕鬆愉快，產生得意和滿足，從而激發顧客興趣。店面經營者如果能當好顧客的參謀，幫助顧客出好的主意，理解顧客購物心理，站在顧客的角度，常常更能促使顧客對購物激發興趣。

3.消除顧客疑慮

當顧客對購物發生興趣後，往往一時還作不了決定，對促銷的種種方法將信將疑，既不想丟失良機，又不想上當。此時解除顧客疑慮，更需要經營者進一步講究技巧。

第一，論說類消除疑慮法：店面經營者對顧客的疑慮，應採取實事求是的態度，提供有力的證據，利用顧客利害關係，將購買後的利益具體化、現實化，增強可信度。也可與市場上同類商品比較，只是注意進行比較時，突出自己店面內商品的特點，針對顧客的嗜好和興趣，採取出奇制勝的方法來顯示自己的長處，不能指各道姓地去貶低其他店面的商品。

第二，辯解類消除疑慮法：顧客產生疑慮必然有其根因，店面經營者應積極尋找顧客產生疑慮的原因，然後對症下藥，進行尋根追底的辯解。對於一些「頑固」的顧客提出的大堆問題，要靈活處理。「少說爲妙」，選擇一兩個主要問題簡要回答，其他避而不答，往往能起到好的作用。對於由社會影響或經驗因素形成的成見，經營者需反復解說，舉一反三，深入淺出，消釋疑慮。

4. 促使顧客購買

促使顧客拿定主意購買是推銷的最後一關，一方面顧客意識到購買的好處，另一方面又要付出代價。因此，總要反復考慮，下定決心，才能促成交易行爲。促使購買的種種技巧都是針對具有不同心理狀態的顧客採用的。如提醒顧客商品數量不多，不下決心可能失去「一次機會」；利用激將法，促成有逆反心理或不甘示弱心理的顧客購買；採用「有意錯認」的方法，主動爲正在最後徘徊的顧客包裝商品，促成「自動邁出最後一小步」成交等。促銷活動到了促使顧客購買的階段是整個促銷戰略的「結果」階段。對大量顧客可以採取技巧促成成交，但總有一部分顧客達不成交易，經營者一定要有「買賣不成情義在」的精神，視這些顧客成爲潛在的目標顧客，絕不能輕易採取把「弦」崩斷的做法。

第五章
服飾店

做好市場調查

一、從了解顧客開始

顧客需求不僅是市場行銷的起源，也是行銷策劃的基礎。需求是人們有能力購買且願意購買的能滿足其欲望的狀況，需求不是由社會和企業經營創造的，而是存在於人類本身的生理組織和社會地位狀況之中。

開設服飾店要了解周圍顧客中都想要滿足哪個層次的需要，從而決定自己開店所面對的目標顧客。在決定所面對的顧客群以後，要對顧客群的需求量進行調查。消費需求量直接決定市場規模的大小，消費需求量的影響因素有以下三點：

1. 什麼服飾最流行

服飾的流行趨勢決定了社會上顧客對服飾的要求。由於社會流行趨勢或相關團體的影響，社會上流行服飾的需求量就會很大。市場調查時，在確定面對顧客的階層後，要了解各階層所流行的服飾，從而決定自己開店時應採購的服裝款式及數量。

2. 你的顧客收入多嗎？

一個人的經濟狀況，即收入水準，決定個人的購買能力，而購買能力在很大程度上制約著個人的購買行爲。服飾業的銷售很容易受收入的影響，所以在開店前要了解目標顧客的收入水準，定出合理價格，並在必要時對定價做合理調整，保持商品對目標顧客的吸引力。

3. 顧客的數量

一般人口數量越大，需求量也就越大。應考查目標市場中的人口數量，以此確定進貨數量。

藉由對顧客需求的調查來確定目標顧客，是開店前的必備步驟。由於顧客的服飾購買情境與穿著情境呈多元性變化，所以調查有時會很複雜，現介紹一種許多商家都標榜的方式——個別訴求。所謂「個別訴求」，即是以目標顧客中的個別顧客的生活內容做一概括性的描述，以某一特定的人的日常生活中的某些特質來反映在服飾購買、使用等方面的相關行爲。

簡單地說，社會中絕大多數的人均可依其生活內容中的特性被分類在某幾個族群中。因爲一個人不大可能僅具備某一典型族群的特質，他也許在不同階段、

不同空間中分別扮演不同角色，因此他對商品的價值認知也不同。

二、確立經營策略

對於個別服飾店經營的業主而言，給顧客定位也許不必像品牌廠商那樣使用嚴謹、高深的行銷策略，但也要注意以下四點：

1. 先觀察周圍的親朋好友的生活方式，再進一步了解其服飾購買行爲的特徵，這些人已經是自己所要經營的服飾店的可能性顧客，也是社會消費者的縮影。
2. 多看廣告，尤其是日常消費用品的廣告，這類廣告背後所隱含的意義是大筆的廣告、消費者市場調查等預算，消費者的購買行爲傾向也就反映在廣告中的訴求方式上。
3. 回顧自己購買服飾的資訊來源、購買動機、購買情境、使用情況及心得等過程，這些因素將來也會反映在顧客的購買行爲上。
4. 勤讀報紙雜誌，了解市場大環境中的消費趨勢，甚至經濟動態等因素。在確定了重要目標顧客後，還應考慮到由於服飾的流行趨勢傳播對目標顧客的影響。

服飾流行的傳播模式有以下三種：

1. **上傳下模式**

它是指流行樣式產生於社會上層，社會下層對其模仿逐漸形成流行。如果所在目標市場以這種模式爲主，則應不失時機地大量購進價格較低能爲大多數消費者所接受的仿製品，從而獲得利潤。如目標顧客爲「追星族」的青少年，則商家可以仿製的一些名人服飾作爲商店的主力產品。

2. **水平傳播模式**

這是現代服飾流行的主要傳播手段。它指流行在同一階層的團體間水平移動。對於服裝企業來說，如果以這種傳播方式爲主，則應將主要精力用於仔細觀察自己的目標顧客，努力發現其可用收入、年齡。教育程度、生活方式等，並對顧客團體中的時裝主導人物、其心理和媒體特徵等進行調查和研究，透過以適當的廣告和其他行銷策略影響時裝領袖的喜好，擴大市場銷售。

3. **下傳上模式**

這是在二〇世紀六〇年代以後出現的一種新理念。它主要指新的流行首先由

年輕人或不富有的人創造和採用，並逐漸被社會高收入層接受而形成流行，如牛仔裝、T恤、獵裝等。如果您所要開的服飾店是屬於高收入層的顧客，在對目標顧客了解的同時，也要注意年輕一代中對流行樣式有相當影響力的獨立團體。

調查你的競爭對手

競爭因素對店面制訂市場經營策略有著重要影響，因此要全面考慮，開業後，店面會遇到哪些競爭，它們是直接競爭還是間接競爭。如果對競爭對手沒有調查清楚和周全，寧可暫時不開業或暫緩開業。

顧客的購買能力是有限的，他們花錢買了某種商品後，在一段時間內除了有特別的需要，否則是不會再買該商品的。所以在開店前要調查競爭對手，看開什麼樣的店及怎樣經營才能使顧客購買自己的服飾。調查中應注意的問題有：

一、競爭對手有多少

對競爭對手的研究也就是考察其目前的市場佔有率。了解現有開業者的數量，據此作市場飽和度分析，從而評估是否適合此時進入市場。如果時間許可，還應該調查可能在今後幾年內進入的潛在廠商，以確定所進入的市場是否仍有發展的空間。

透過對市場佔有率及競爭店的數量調查，可初步確定市場的飽和度。對市場飽和度的分析關係到市場開發的很多方面。高飽和度的市場開發成本高，利潤低；低飽和度的市場成本低，但顧客較不穩定。市場飽和度還會影響到店面租金價位的高低和開店的難易度。所以，在競爭對手市場佔有率高且市場飽和度高的情況下，會提高設店成本，也會使開店後的經營管理變難。如果可能，要儘量避開在這樣的市場中開店。

二、競爭對手如何分佈

競爭對手分佈主要包括兩個方面。一是開店的位置，二是彼此間的位置。

首先是調查競爭店的店面地點。了解競爭店的地理位置，分析爲何它能有較多的顧客光顧。自己的店應開在什麼地方，可以透過競爭店的地點調查來決定。有時，透過對其調查可以得知此地區居民的一些生活習性，從而決定自己開店的

政策。

其次是應調查競爭店與本店的距離。競爭店與本店距離的遠近直接關係到將來的經營策略。相對的，在開店前，店主應對店面將來的運營有個初步計畫，透過自己的計畫與策略來決定本店與競爭店的距離。如果競爭者的實力雄厚，而自己想另立門戶，則應選擇離競爭店較遠的地點；如果認爲自己有足夠的實力與競爭店競爭，則可把店開在競爭店旁，讓顧客能很快透過比較來了解你的產品優點。有時，競爭店在旁邊還可以有效地吸引顧客，讓顧客在光顧競爭店的同時也來到你的店。

三、競爭的激烈程度

市場佔有率可看出市場競爭是否激烈，如果主要競爭對手的市場佔有率很高，則要進入市場就很難。如果要開店，則要做好詳細周全的行銷策略，或者可以選擇不在此地區開店和改變產品結構等方式。競爭對手的市場佔有率直接關係到店面的開設及開設後的經營策略，是對競爭者調查研究的重要一步。

無論是初次踏入服飾業的經營新手，還是已有經驗想另開新市場或是推出新品牌的行家，在正式開店前，都必須預先估計市場的營業額大小及現有開業者的市場佔有率。對於新加入者，也必須從基本的全國市場一步一步縮小調查到地區市場；對於已有經驗者，則可直接由特定區域市場（如少女內衣市場）或特定地域市場（如北京市）開始調查。如果是跨國品牌，甚至需要做對國際市場的調查評估，要對此產品在國際市場的佔有率有所了解。

四、競爭對手的產品

競爭實際上是產品間的競爭。競爭對手的產品直接關係到本店的產品。在開店前，一定要了解競爭店的產品結構、產品類型、產品價格等方面，從而決定自己店面設備應採購的產品類型。對產品的調查，要從很多方面入手，如產品類別、主力商品、輔助性商品和關鍵性商品等等。

競爭對手和產品類別及市場佔有率，可以決定自己的店應以賣哪種服飾爲宜。如果競爭店的市場佔有率高，就應避免與競爭店的產品類似，否則難打開銷路。您可以選擇與其不同屬性、不同類型或者與其賣的商品有連帶作用的產品。例如，您的競爭店在您開的店的附近，店主要賣女裝且市場佔有率相當高，您可

先調查其主要出售的女裝類型。如果他主要經營休閒裝，您可考慮開一個賣上班族服裝的服飾店；如果他經營的類型很齊全，則您可考慮開一個男裝或童裝店。特別是在女裝店旁開個童裝店，鐵定會有好的效果。

籌集資金

在開店營業前，如果沒有籌措到一定數量的資金，一切都將會是海市蜃樓。即使是開店營運之中，如果沒有足夠的資金，或者暢通的資金周轉體系，一旦發生變故，便會捉襟見肘，岌岌可危。

一、你需要多少資金

開店前的調查決定籌資的規模，只有確定了籌資規模，才能根據需要選擇用何種籌資方式。

研究籌資規模時，要考慮三個方面，即籌資總規模、自有資金籌措額、外部資金籌措額。通常根據開店前調查及實際需要確定籌資的總規模，之後要確定用哪種方式籌資，就要考慮到自有資金與外部資金。由於自有資金是確定的，規模也就定了，主要考查的是外部資金籌集的規模。

確定籌資規模最初是市場調查，然後根據自己對資料的分析得出確切的結果。主要的方法有：

1. 財務報表分析法

這是指根據財務報表分析，判斷其財務狀況與經營狀況，從而確定合理籌資規模的方法。這種方法可在有許多不確定因素的情況下運用。在開店前，使用這種方法時，要求運用預計的獲利情況等來分析。根據自己的想法來籌資，一般適用於規模較大的店開設時使用，可用這種方法確定向銀行貸款的數額。

在經營期間，要擴大投資規模，使用這種方法比較適宜。藉由平時的資金平衡表、利潤表、留存收益表、財務狀況變動表反映一定時期的財務狀況，進而從單項評價、財務比率分析和趨勢分析三方面分析確定籌資的規模。

在籌資規模中，時間因素相當重要。籌資的時間選擇，一定要與投資需求時間相適應並具有確定性。投資常常是分段進行的，所以籌資也可相對地分成幾個階段。如果籌資的時期選擇不當，把緊密聯繫的籌資活動分割開來，不但有損於

投資，還會對籌資規模做出錯誤的或不準確的估計。

2. 實際核算法

它是指根據實際投資的需要核算需要籌措的資金額的方法。這個方法比較簡單、精確，但需要有詳盡、可靠的資料，不容易做到最好。具體步驟如下：

(1) 確定投資需要：即透過調查了解投資的規模。

(2) 核算需籌措的資金總額：在開店之初，投資額不一定等於籌資額。因為在開設時要防止出現各種意外情況，就要使所籌資金比所投資的資金多。

(3) 計算內部資金的籌措額：根據自己所擁有的資金，估算出內部資金的數額。

(4) 用籌資總額減去內部資金額，這樣就得出了外部資金的籌措額：可根據實際情況決定是選擇合夥人還是從銀行貸款。

(5) 根據籌資的具體情況進行修正。

二、籌集資金的三種方法

服飾店的規模可大可小，可以是大型的服飾賣場，也可以是由個人經營的小型服飾店。根據這些情況，籌資方式可分為以下三種形式：

1. **個人獨資**

這是指開店的資金由個人出資承擔。這主要適用於規模比較小的店面，個人有能力承擔開店所需經費與周轉資金。

由於開店所需的經費不小，而且在開辦初期有可能遇到各種不可預測的原因造成的資金周轉不靈，所以，資金越充足越好，以防落得前功盡棄。但個人獨資一般都是個人的積蓄或朋友的籌集，所以資金也不要求全部投入，以防小店破產承受巨大損失。服飾店是一種成本相對較低而利潤偏高的行業，但風險也較高。對於個人獨資的小型服飾店，開店初期不要盲目貪求規模，使投資過大而生意不景氣，應該在開設的過程中逐漸摸索經驗和規律，爲日後的發展作準備。在成功的經營中獲取利潤，再積累起來擴大規模。如果資金很少，連開小店都不夠，則可以考慮尋求合夥人。

2. **合夥出資**

合夥出資指兩個或兩個以上的合夥人共同出資、共同經營、共擔風險、共用利益。當規模不算太小，自己無法出資開設時，可考慮此種方法。

在合夥出資中，合夥人之間易產生財產、經營等方面的糾紛，所以選擇合夥

人很重要。在選擇合夥人時，應注意以下三點：

(1) **合夥人能否與你達成經營共識**：這是爲了防止在經營過程中出現分歧，使商店無法開設下去。所以，如果達不成共識，那合夥人投入再多的錢也沒有用。

(2) **合夥人能否與你同甘共苦**：只有付出艱辛的勞動後才可能獲得利潤，特別在開店之初，更是辛苦，遇到很多困難，所以，既然大家最後要「同甘」，開始的時候就要「共苦」。而且，只有合夥人有吃苦的精神，在經營中才能成功。

(3) **與合夥者合作前，一定要簽訂合夥協議**：要透過協議，用法律的手段明確責、權，這樣才能有效避免糾紛的產生。合夥協議是法定的文書，具有法律效力，在合夥出資的企業中是很必要的。在協定中，主要包括以下內容：

A、合夥人的出資額。

B、合夥的期限。

C、各合夥人的管理許可權和範圍。

D、合夥人分配利潤。

E、新合夥人進入的辦法。

F、各合夥人對承擔義務沒有實施所造成損失的處理方法。

3.銀行貸款

無論個人獨資或合夥出資，都屬於創辦人的私人投資，它們主要適用於小型服飾店。而有些服飾店的規模很大，不是個人有能力開辦的，個人獨資與合夥出資都有一定的局限性，這時，就需要借助社會投資的方式籌措資金。主要的方式就是銀行貸款，這種方式簡單、直接、方便有效，所以在開店時，如果可能，最好用這種方式。

中國政府對貸款的規定放寬了許多，只要具備以下條件，銀行就會給予支援：

(1)持有工商行政管理部門發給的營業執照或有關部門批准的證件。

(2)遵守國家政策法令，符合批准的經營範圍。

(3)必須有三十%至五十%的自由流動資金。

(4)確有償還能力和經濟擔保能力。

對於擔保與抵押有以下幾種形式：

(1)以房屋、設備或其他固定資產抵押。

(2) 以尚未到期承兌的票據抵押。

(3) 信用貸款。無擔保，全靠貸款人的信用。

在銀行貸款中，只要有利於流通經濟，銀行都會給予幫助。計畫周密，且對投資進行了一定的考察、市場預測和技術分析，並備有較爲詳盡的可行性研究報告，能夠較爲客觀地對未來所遇到的困難進行評估和預測，那麼貸款成功的希望就很大。

尋找有利的店面

一、選擇店址的標準

服飾店開設成功的首要因素就是店面的選擇，因爲特定開設地點決定了店面可以吸引有限距離或地區內的潛在顧客的多少，這也就決定了將來銷售收入的高低，從而反映出開設地點作爲一種資源的價值。店面選擇的重要性主要表現在：

1 **店面選擇是一項大的、長期性投資，關係著店面發展前途**

店面的租用需大量的資金，而且租用之後的裝修等很多方面都有很大的花費，是巨大的投資。而且店面一旦確定，就很難再更換，所以也是長期的投資。在店面選擇時要做深入的調查，周密考慮，妥善規劃。

2. 店址是將來經營目標和制訂經營策略的重要依據

不同的地址，決定不同的社會環境、地理環境、人口狀況、交通條件、市政規劃等，這些因素制約著顧客來源及特點和商品的進貨、價格等因素。從而在經營目標的確立和經營策略的制訂上，必須重點考慮到店址的位置。

3. 店面選擇直接關係到經濟效益

「地利」是很重要的。相同的店，如果開在不同的地方必定會有不同的經濟效益。當店開在好的地段，顧客多，人員流量大，生意就好；當開在偏僻的小巷，沒有人光顧，則經濟效益肯定不好。

4. 地址的選擇要貫徹便利顧客的原則

地址選擇的首要原則是要便利顧客，從節省顧客的購買時間、節省市內交通費用角度出發，最大限度滿足顧客的需要，否則失去顧客的信賴、支持，店面就將失去存在的基礎。選址時要考慮到大多數目標顧客的需求特點和購買習慣，在符合市政規劃的前提下，或分散，或集中設立，力求爲顧客提供廣泛選擇的機

會，使其購買到最滿意的商品，獲得最大程度的滿足，實現最佳的社會效益。

店面的選擇包括店址的選擇與店面條件的選擇。其中地址的選擇尤爲重要。店面條件是在好的店址之上對店的結構等方面的要求，所以應把店址的選擇放在首位。

二、選擇適合你的店址

選擇店址，首先應當理解「商圈」的概念。商圈是指一定商業區的顧客吸引力所覆蓋的範圍，它是維持一定銷售額的顧客團體存在的地域範圍。由於受消費習慣、市場傳統、交通等因素的影響，特定區域的市場往往形成特定的商圈。

特定的商圈通常由核心區域、中間區域和週邊區域構成。往往距離很近的不同店面，客流量就有巨大的差異，這也就決定了特定門市的生意。當然決定商圈大小的因素是複雜的，交通條件的好壞、地形和地域風光、顧客各層的活動特點和顧客的收入狀況都是應該考慮的問題。

店址的選擇包括兩個內容，一是商圈的選擇，就是地址的大環境；二是具體位置的選擇，即地點的選擇，就是在特定商圈中的最終位置。確定標準位置，就是重點式的把商圈確定下來，再選擇合適的地點。

第一，在商圈選擇中，爲了適應人口流動情況，便利廣大顧客購物，在擴大銷售的原則指導下，絕大多數商店都將店址選擇在城市繁華中心、人潮必經的城市要道和交通樞紐、城市居民住宅區附近及郊區交通要道、村鎭和居民住宅區等購買地區。所以可依據這些條件把商業區劃分爲：

(1) **城市中央商業區**：這主要在市中心最繁華的地帶，都市的主要大街貫穿其間，雲集許多著名的百貨商店和各種專業商店等。對於服飾業，一定要把店設在人口密集的地方，這是最佳選擇。

(2) **城市交通要道和交通樞紐的商業街**：這是大城市的次要商業街，也是人潮必經之處。在節假日、上下班時間人流如潮，地址選擇在這些地點就是爲了便利來往人潮購物。作爲服飾店，買服飾的人都是在休閒時間，不會在上下班時買，所以，一般來講，這種地方不適合開服飾店。

(3) **城市居民區商業街和邊緣區商業中心**：城市居民區商業街的顧客，主要是附近居民，在這些地點設店是爲了方便附近居民的就近購買。邊緣區商業中心往往坐落在鐵路重要車站附近，規模較小。對於小型服飾店，地址定位在城市居民

商業區也很適合，有利於滿足消費者需求。對於一般的服飾，購買者爲了方便寧願就近購買。

(4) **郊區購物中心**：在城市交通日益擁擠、停車困難、環境污染嚴重的情況下，隨著私人汽車大量增加，高速公路的發展，一部分城市中的居民搬往郊區，形成郊區住宅區，爲滿足郊區居民的購物需要，不少店面設在郊區住宅區附近，形成了郊區購物中心。能在郊區居住的人一般是社會的中上層，要開服飾店就要開層次稍高的。如果是一般的服飾，生意可能不會好。但是由於這些居民有私人汽車，所以大部分人要買服飾一類的商品，就會到城市中心的商業區。所以，總括說來，城市中央商業區是最優選擇。

第二，不同的商業區，有不同的條件，在選擇商業區開店時應考慮影響其優劣的一些因素。

(1) **商業區所屬的城市狀況**：城市中的許多因素制約著店面的開設與將來的發展，所以在選擇地點時要充分考慮這些因素。它主要包括城市規模的大小、人口的多寡、城市的特徵、城市商業狀況。城市的影響力、城市對附近區域的輻射狀況等。這些因素是在決定店面規模，及賣哪種類型和層次的服裝時要重點考慮的，一定要適合大衆需要，要與此城市的特徵相符。

(2) **商業區所處城市的位置**：該商業區的交通、通訊狀況、其他服務業的設置情況、人潮的集中狀態和購買圈人們的消費水準、服飾消費在總消費中的比例等情況都是應當考慮的。同時，商業區在該城市中的發展態勢，無論是蒸蒸日上的發展期，如日中天的鼎盛期，還是日薄西山的衰敗期都同樣重要。另外該城市其他地區的商業發展狀況是否對該商業區產生積極或消極的影響等也很重要。

(3) **商業區的內部狀況**：這一點尤其重要，尤其是考查競爭對手的情況，是開店的一個重要內容。主要考慮的因素有該商業區的商店數量、形狀特點、道路性質、從業種類等，還有相同服飾店的數量、規模及市場佔有率。同時，該商業區商業精神狀態，是否同心協力，是否唯利是圖，是否有長遠的戰略發展眼光都是極爲重要的。

第三，妥善選擇開店地點，可以說直接影響商業未來業績的好壞，而掌握商圈的面貌與大小，更是選好開店地點的首要工作，商圈的優良應足以影響商店的成敗！若是擁有寬廣肥沃的商圈，便能哺育出一家業績茁壯財源廣進的商店，反

之，若是腹地窄小貧瘠的話，商店便會因營養不良而終致枯竭。調查商圈大小，可以將顧客住址進行系統的搜集整理，然後製成檔案加以管理，最後將顧客的住址以點狀方式打在地圖上，描繪出商圈的大概輪廓。

小型的服飾店商圈不大。在都市中，去服飾店大約每週一次左右，商圈在七百至八百公尺；在郊區，則在一千五百公尺左右。一些針對年青人的服飾店，時髦性相當高，則範圍在時間與空間的距離爲一小時內。這樣的商圈雖然不大，但是作爲小型的服飾店最好能利用大型商店聚集顧客的能力，在其附近開店營業，或是在大型商店內設櫃，亦或是聚集於小型店林立的商店街內開店。比如，在北京西單商場旁設立服飾專賣店；在西單商場內設立專賣服裝區；或是在秀水一條街內設立服飾店，都會收到良好的效果。

考察商圈的大小，還要考慮一天人潮流量在不同時段的變化。一般變化有兩種類型：

(1) **U字型**：即是在通勤、上學路線上。在這種地方，特定短時間內顧客較集中，但在其餘時間不會有太多人通行。這種地方不適宜開服飾店。

(2) **M字型**：在很多商業區中，都呈現這種變化。一天中有兩個人流高峰，人潮流量大，有利於服飾店的開設。且商業區的節假日人流量會大幅上升，更是營利的好時機。

第四，若新建好商店的商圈相對難以確定，不過可發掘當地零售市場的潛力，運用趨勢分析，藉由對城市規劃、人口分佈、住宅建設、公路建設、公共交通等方面的資料分析來劃定商圈。

劃定商圈的傳統方法是由威廉•雷利於一九二九年提出的，稱雷利零售引力法則。這一法則的目的在於確立一個在兩個城市間的無差異點，根據此點確定商圈大小，在這一點上，購物者不論到哪方購物均是一樣的。該法則表明城市人口越多，規模越大，商業越發達，對顧客的吸引力越大，商圈也越大。

對商圈的分析是開店的第一步。它有利於確定相應的消費者的人口和社會經濟特徵，是店面成功的必要條件，也有利於以後的經營管理，還能反映商店地理位置上的缺點，如距居民區太遠、交通不便等，對競爭情況也能有一定了解。

服飾店室內設計

室內設計，也就是店內的佈局及設計。它對進店購物的顧客和企業管理人員、營業人員的現場操作都有十分重要的意義。合理的佈局可以提高店面有效面積的使用效率，營業設施的利用率，能爲顧客提供舒適的購物環境，使顧客獲得購物之外的精神和心理上的某種滿足，產生今後再次光顧的心理嚮往。

室內設計的原則爲「總體均衡，突出特色，和諧合適，方便購買，適時調整」。在實際操作中具體化爲：

1. **佈局結構與交易方式的協調一致**

佈局結構的基礎是店面所採取的交易方式。店面採取敞開售貨、封閉售貨或兩者結合的混合售貨形式等都直接影響到店面的佈局結構。交易方式與店面佈局的合理結合是形成店內良好購物環境的基礎。

2. **突出經營特色與全方位服務的協調**

大凡經營效益好的店面都能爲消費者提供全方位的服務，從商店的裝飾佈局上設計出環境特色，使顧客獲得購物之外愉悅的店面佈局和定位策略，無疑成爲最有效的促銷手段和經營戰略。

3．**方便購買與舒適購買的協調一致**

店面佈局要考慮如何使顧客能儘快買到所需商品，提高購買效率；如何使顧客把商業購買行為變為集購物、休閒、娛樂、社交為一體的綜合活動，使顧客在進店購買的每一個環節上都能有積極的心理感受。

4．**時尚高雅與大眾化的協調搭配**

追求時尚和高雅是大多數店面裝潢的要求，但裝潢佈局的「超前」程度，必須是在當時、當地顧客可以接受的「域限」內。裝潢佈局的「高」，不能只反映在「物質」內容上，而是應突出生活情趣的高雅，這樣才能產生雅俗共賞的裝潢佈局效果。

室內設計要從以上原則出發，具體的設計內容包括室內佈局設計、室內裝潢設計、室內氛圍設計和商品陳列。

一、室內佈局設計

室內佈局指的是室內的整體佈局和裝潢。

1. 空間佈局

每個店面的空間構成各不相同，面積的大小、形體的狀態千差萬別，但任何店無論具有多麼複雜的結構，一般說來都由三個基本空間構成，服飾店也不例外。三個基本空間是：

(1) 商品空間

商品空間是指店面中陳列展售商品的場地，而商品空間有各式各樣的形態，例如櫃台、櫥窗、貨架、平台等。設置商品空間的目的在於使顧客便於挑選商品、購買商品，也利於產品的銷售。

(2) 店員空間

店員空間指店面店員接待顧客時使用的地方。因爲各個店的經營方針不同，對店員的要求也就不同。有的店把店員空間和顧客空間劃分得很清楚，有的店面的店員空間則是和顧客空間相重疊的。

(3) **顧客空間**

顧客空間指顧客參觀展售商品、挑選商品的地方。由於各店面設計不同，所以有些店將顧客空間設在店內，有些則設在店外，有些是店內、店外都設有顧客空間。

2. 地板設計

(1) **地板裝飾材料**

一般有瓷磚、塑膠地磚、石材、木地板以及水泥。選擇要注意與整體風格的搭配，還要考慮材料的性能。

瓷磚的色彩和形狀多樣化，耐熱、防水、耐火、耐磨，但是保溫性差，硬度保有力弱；塑膠地磚顏色多樣，價格較便宜，施工方便，但不耐火，容易被化學品和利器損壞；石材外表華麗、裝飾性好，耐水、耐火、耐磨性好，但價格昂貴；木地板柔軟、隔寒、光澤好，但易弄髒、易損壞；水泥地價格便宜但不美觀。

(2) **地板圖形設計**

服飾店要根據不同的服飾種類來選擇圖形。一般地說，女裝店應採用圓形、橢圓形、扇形和幾何曲線形等曲線組合爲特徵的圖案，帶有柔和之氣；男裝店應採用正方形、矩形、多角形等直線條組合爲特徵的圖案，帶有陽剛之氣；童裝店可採用不規則圖案，或在地板上畫出一些卡通圖案，顯得活潑。

(3) **地板的顏色**

地板強調優雅感性的色彩，要使商品顯示高級感和顧客安心選購商品等氣氛融合。地板顏色可與天花板、牆壁同一色系，可略深。有時，也可單獨一色，只要顯得舒適大方即可，通常採用白色、米色、粉色等，讓人感覺很潔淨。

3. **收銀台設計**

收銀台的位置和數量，應配合賣場的大小、銷售形態設置，才能充分發揮機能。

服飾店，一般不設直線型的收銀台，而是使用陳列架、展示櫃劃出賣場來。收銀台可設在店面最裡端，這樣可以節約賣場空間，由顧客自行選購，再統一到收銀台交款。最好不要設在出口前，如果動線設計得不好，會經常出現顧客堵塞，出口前等候付款的現象。

4. **試衣間設計**

試衣間的位置要方便顧客看到，不要太隱蔽。最好全場的試衣間能夠統一。在試衣間外可多安幾面穿衣鏡，便於顧客試衣。同時，試衣間是最不安全的地方，要把試衣間設在營業員能方便看見的地方，以防偷竊。

試衣間的數量要根據店面的規模而定，不能太多，太多很佔地方，也給人生意蕭條的感覺；試衣間太少，會使很多人站在外面排隊等候，使賣場擁擠。一般來說，賣場爲二十坪方公尺的地方，應有兩個試衣間，其餘的根據賣場比例增加。

試衣間鏡子，最好的選擇是安在門上，既節約地方，也方便顧客觀看。有時，最好在試衣間內也安上鏡子，讓顧客可以試穿好才出來，以免出現不雅的情形。切記不要把鏡子放在離試衣間較遠的地方。

二、室內氛圍設計

當顧客走進店中，只看見店內的漂亮裝修，不一定會有購買的衝動。要使顧

客產生購買衝動，必須使店內有賣場氛圍。特別在服飾店中，由於顧客有在店中停留的時間，在這段時間中，店內就可以透過聲音、氣味、顏色等方面塑造出店面氛圍，使只是想看看的顧客產生購買欲望。

1. 色彩設計

在店面的氛圍設計中，色彩的有效使用具有普遍意義。色彩與環境，與商品搭配是否協調，對顧客的購物心理有重要影響。

色彩是藉由刺激人的視覺器官而形成的某種心理反應。不同色彩能引起人的不同聯想，產生不同的心理感受。在商業活動中，顧客對色彩的反應與偏好，常與顧客自身的性格、生活經驗、情趣嗜好等相關。

在店面氛圍設計中，應注意運用色彩變化及顧客視覺反應的一般規律。首先，色彩不同，對人的視覺刺激強度不同；其次，不同色彩的刺激對人的情緒變化也有一定影響。在國外曾有此一例：某飯店老闆，將飯店就餐大廳的牆壁粉刷成淡綠色，給人舒適幽雅之感，吸引了不少食客。但食客留戀這種舒適的環境，進餐後久久不肯離去，便餐桌的利用率大大降低。後來，老闆在「色彩問題中心」的指導下，把牆壁色彩改塗爲紅與橘黃的相間色。這一招果然見效，熱烈的色彩效果，雖然能增進食慾，但飽食後的食客不願在刺激性過強的環境中久留。這樣，餐桌的利用率大大提高，這一例說明，色彩往往具有不易被人們察覺的特殊心理作用。

因此，在利用色彩進行店面氛圍設計時，要認眞把握好色彩運用中的幾個基本規律。

(1) **色彩的空間效應**

這是指不同色彩產生的視覺效果，能使人透過視覺形成對同一空間內遠近大小的錯覺。淺色、淡色，顯得較均勻，有擴展空間的作用，給人面積寬大敞亮的錯覺；而黯色、深色顯得較近，有收縮空間的作用，給人以面積狹小緊縮的錯覺。

(2) **色彩的對比效應**

這是指在利用色彩陪襯商品的小範圍內，對周圍背景與陪襯色彩的選擇，必須以商品或商品色彩爲基礎，形成較強的對比和反差等，以突出商品形象。

(3) **色彩的環境效應**

這是指由於季節變化、地區間的氣候特徵而形成的自然色彩輪迴與店面色彩

選擇之間的相互關係。不同季節形成的自然色彩及溫濕度變化會造成人們的不同心理感覺。店面的環境色彩可以利用顧客在不同季節的感覺差異，採用「搭配」和「相反」兩種策略，春秋兩季一般採用「搭配」策略，夏冬兩季應以「相反」策略爲主。

(4) 色彩的年齡效應

顧客的性別、年齡、文化狀況等與店面內部環境的色彩有著密切的關係。一般說來，文化水準較低或經濟不發達地區的顧客偏愛比較鮮豔的原色，尤其是純色，配色也多爲強烈的對比色調；經濟發達或文化教育水準較高的國家或地區的顧客則對比較富麗、柔和的色調和淺淡的中間色有較高的興趣與欣賞力。當然這也不是絕對的，因爲人們的習慣偏好是多種因素綜合作用的結果。

在一定文化水準下，不同年齡段的人，對色彩的興趣偏好也不盡相同。幼兒期一般偏好紅色、黃色（純色）；兒童期一般偏好紅色、藍色、綠色、黃色（純色）；青年期一般偏好藍色、紅色、綠色；中年後期一般偏好紫色、茶灰、藍色、綠色；老年期一般偏好深灰色、暗紫色、茶色。

2. **聲音設計**

聲音的設計可對店面氛圍設計產生積極的影響，也可以產生消極的影響。音樂的合理設計會給店面帶來好的氣氛，而噪音則使賣場產生不愉快的氣氛。

(1) **音樂的設計**

音樂可以使顧客感到愉快，也可吸引顧客的注意，合理的音樂設計會提高顧客的購物情趣。音樂設計要從音樂的種類和密度兩方面考慮：

音樂的種類：恰當的音樂會產生積極的影響，所以，對於播放音樂的種類與時間要合理搭配。

上班前，先播放幾分鐘幽雅恬靜的樂曲，然後再播放振奮精神的樂曲，效果較好。當員工緊張工作而感到疲勞時，可播放一些安撫性的輕音樂，以鬆弛神經。在臨近營業結束時，播放的次數要頻繁一些，樂曲要明快、熱情，帶有鼓舞色彩，使員工能全神貫注地投入到全天最後也是最繁忙的工作中去。

選擇外國音樂還是流行新歌，要播民族樂曲還是通俗歌曲，必須根據所賣服飾類型來定。一般的，流行服飾專賣店應以流行且節奏感強的音樂爲主；童裝店則可放一些歡樂的兒歌；高檔服飾店爲了表現其幽雅和高檔，可選擇輕音樂。在

服飾店熱賣過程中，配以熱情、節奏感強的音樂，會使顧客產生購買衝動。

音樂的密度：音樂的密度指播放的強度和音量。音樂的聲音過大，會令人反感，如果聲音太小，又達不到所要的效果。因此，音樂的響度一定要與店面力求創造的氛圍相適應。

音樂的響度應控制在不影響用普通聲音說話，但又不被噪音所淹沒的範圍之內，如果顧客都聽不出音樂是從哪兒傳出來的，則達不到創造氛圍的效果。根據音樂種類的不同，音量的大小也不同。流行樂曲的音量應比輕音樂的大。流行的搖滾樂，必須達到一定的響度，才會有衝擊顧客心靈的效果；而輕音樂如果太大聲，會使人產生厭煩，覺得不適宜。

音樂應交替使用，如果反復播同一內容，容易使人厭煩和疲勞。應該考慮店面大小，看顧客在其中的停留時間，根據平均時間播放音樂，在這段時間內最好不要有重複的音樂。音樂也要有停止的時間，控制在一個班次播放兩小時左右，特殊情況下可延長。比如，服飾專賣店熱賣期間，人流多，要有效賣的氛圍，就可全天播放音樂。

(2) **噪音的消除**

令人不愉快或令人難以忍受的聲音，會使顧客的神經受到影響，甚至毀壞力求製造的氛圍。因此，店面要製造氛圍就要努力消除噪音。噪音一般有店外噪音和店內噪音兩種。

店外噪音：一般指店外的車輛聲、往來行人的喧鬧聲。它們會對店內顧客產生不同程度的負面影響，應消除。方法是採用消音、隔音設備，所以，大型商場要消除這種雜訊，但小型店面要控制就比較難。

店內的噪音：一般有店內店員與顧客的交談，顧客挑選時的聲音等，有時，不適當的音樂也會成爲噪音之一。對於這類聲音的消除，一般是透過商品合理佈局的方式解決，如，需要營造一個安靜購物環境的商品，應集中陳列或佈局在店面的高層或深處，以便具有一個相對安靜的購物空間。有時，店內嘈雜的聲音可透過音樂來消除，可以壓低嘈雜的聲音，顯出熱鬧氣氛。但是，如果音樂不多加注意與控制，也會成爲雜訊，讓顧客厭煩。

3. **氣味設計**

店面內的氣味，對創造店面氛圍，獲取最大限度的銷售額來說，也是相當重要的。和聲音一樣，氣味也有積極的一面和消極的一面。積極的氣味使顧客有積極的心理反應，能引起顧客興趣，刺激顧客購買；消極的氣味會使人反感，會驅除顧客。

(1) **店外氣味**

店外氣味一般包括公路上的車輛往來的汽油味、路面的瀝青味及鄰店的氣味等。路面上的味道無法人為地消除，只能儘量地避免不要把店開得離馬路太近，而且要在店中適當地使用空氣清新劑。隔壁店家的氣味會對本店的氣味產生很大的影響，不良的氣味會使人不愉快，與店面的環境、氛圍不協調。在服飾店中，要注意隔壁店家的氣味，如果隔壁是花店，則清香味飄到店中，會使顧客清爽，有購買的心情；如果隔壁是個門診，很濃的藥品味飄到店中，會讓人有不好的聯想，對於服飾的購買也會有排斥心理。

(2) **店內氣味**

店內氣味是相當重要的。進入店中，有好的氣味會使顧客心情愉快。服飾店內的新衣服會有纖維的味道，如果店中無其他的異味，只有這種纖維味，則是積極的味道，它與店面本身是相協調的，會使顧客聯想到服飾，從而產生購買欲望；在店中噴灑適當的清新劑有時也是必要的，有利於除去異味，也可以使顧客心情舒暢，但要注意，在噴清新劑時不能用量過多，否則會使人反感，要注意香味的濃度與顧客嗅覺上限相適應。

店內容易出現許多氣味會使顧客產生反感，對於這種氣味，要注意多加防治。由於客流量大，在店內有時會產生「汗臭味」，這是很不利於顧客購買的，要採取好的通風設備，以驅除異味；新裝修的店面內裝飾材料散發的塗料等氣味，有時也會使一些顧客對店望而卻步，這種情況就要採用適當的清新劑了；店中有香菸味也會使人有不舒服的感覺，所以，在服飾店中應禁止吸菸，也有利於防止火災。保管不善的清潔用品氣味，還有洗手間的異味等等，都會使人產生不好的感覺。要想做到店內空氣清新，就要注意衛生，且有良好的通風設備。

4. **通風設備設計**

店內顧客流量大，空氣極易污濁，為了保證店內空氣清新通暢、冷暖適宜，應採用空氣淨化措施，加強通風系統的建設，通風來源可以分自然通風和機械通

風。採用自然通風可以節約能源，保證店面內部適宜的空氣，一般小型店面多採用這種通風方式。而有條件的現代大中型店面，在建造之初就普遍採用紫外線燈光殺菌設施和空氣調節設備，用來改善店面內部的環境品質，爲顧客提供舒適清潔的購物環境。

店面的空調遵循舒適性原則，冬季應達到溫暖而不燥熱，夏季應達到涼爽而不驟冷。否則會對顧客和營業員產生不利的影響。一般的，夏季，店內外溫差不宜過大，一般以四度左右爲宜，比如室外氣溫三十四度，店內應控制在三十度左右。這樣，進入店面的顧客能有清涼之感，而走出店面的顧客也不會產生「烤爐」的感覺。在中國地區，冬季則應適當加大溫差，一般店內溫度應控制在十五至十八度上下。這樣，才不會出現顧客從外面進店都穿著厚厚的棉衣，在店內待不了幾分鐘就感到燥熱無比，來不及仔細測覽就匆匆離開。

店內選擇空調機組的類型時，應注意以下要求：

(1) 根據店面的規模大小來選擇：大型店應採用中央空調系統，中小型店可以設分離式空調，特別要注意解決一次性投資的規模和長期運行的費用承受能力。

(2) 空調系統供電選擇既要有投資經濟效益分析，更應注意結合當時的供電來源，如果有可能採取集中供電，最好充分予以運用。

(3) 空調系統冷源選擇要慎重，是風冷還是水冷，是離心式還是螺旋式製冷都要進行評估，特別注意製冷劑使用對大氣污染的影響。

(4) 在選擇空調系統類型時，必須考慮電力供應的情況，詳細了解電力公司允許使用空調系統電源的要求，避免出現設備閒置的狀況。

店面內部的空氣濕度參數一般保持在四十%至五十%左右，更適宜在五十%至六十%左右，該濕度範圍使人感覺比較舒適。在保持溼度的同時，還必須做好通風，這樣才能保持空氣清新和舒適，以創造良好的氛圍。

5. **制服設計**

服飾店營業員的制服是很重要的。制服的統一，會使進入店中的顧客對店面產生一種充滿活力和幹勁的感覺，也是氛圍設計的重要一點。

(1) **制服的款式**

制服要整潔、大方，應與自己經營的服飾種類相協調，不要讓人有制服與店面格格不入的感覺。

如果是經營流行休閒服，則T恤是制服的首選款式，這讓人有[illegible]

店的感覺。如果是專賣店，則可把自己店中的服飾當成制服，既有利於爲自己的服飾做廣告，也有利於節約費用。

如果經營上班族服裝或男式西裝，則以矩形款式的套裝爲上選。男裝的設計可稍略放寬肩部的尺碼或加以墊肩，使肩部顯得寬平和略上翹，給人留下肩部寬闊、上肢結實的陽剛美之印象；女裝設計應爲裙子套裝，以類似男性西裝外套的樣式作制服最好，裙子長度到膝蓋下面一點最恰當，不宜過長或過短。

(2) **制服的顏色**

不同顏色有不同的象徵意義，制服顏色的選擇要根據所賣服飾種類而定。如果是開童裝店或販賣青年人的服飾店，則制取應以鮮豔的顏色爲宜；如果是屬於老年人的店，則以素雅的顏色爲佳。對於休閒裝，則紅色、黃色等都很適宜做制服，能顯出青春、熱情的氣息，正好能配合休閒裝的特點；對比較正式的裝束，則要以黑、白等顏色爲佳，顯得莊重、大方，與所賣服飾相協調。

(3) **制服的布料**

布料既能表現服飾的品質，又能與環境相適應。

一般以T恤爲制服的，要用棉製布料，不但休閒大方，而且透氣性好，夏季很涼爽；套裝爲制服的，最好用純毛料，它比別的纖維更容易染色，質地好，不容易起毛球，且不變形，它富有彈性，穿起來貼身，冬季可以保暖，比其他纖維耐用。其次是化纖和羊毛的混紡料，它適合做薄一點的制服，具有羊毛的屬性，且價格便宜。

第六章
婚慶服務公司

市場行情分析

一、婚慶典禮——這塊蛋糕有多大

結婚是人生中的一件大事，也是一件喜事，無論是誰，都想把婚事安排得熱鬧、體面，因此，人們把結婚稱之爲人的一生中「第二大消費」。

目前，中國正進入新的婚育高峰期，每年的結婚人數達一千八百萬至兩千萬（人民幣，以下金額也均爲人民幣），其中，城市結婚新人約佔總數的二十％，也就是說，城市結婚人數每年在三百八十萬左右。結婚，這個古往今來多麼神聖、喜慶的字眼，在市場經濟的今天，早已被精明的商家進行了商業化包裝，並拿來作爲產業化運作的對象，新人們在熱熱鬧鬧、歡歡喜喜、甜甜蜜蜜中，不知不覺成了拉動內需的貢獻者，使婚慶市場這塊「蛋糕」越做越大。

上海市某專業調查公司調查統計顯示，由結婚引發的消費額，僅上海一地每年就達五百億元。社會上流行（也稱慣例）標準，每對新人結婚費用在二至十萬元，城市每對新人的消費在八至二十五萬元之間。這筆費用主要花在金銀首飾、

紀念品、婚紗照、服裝、傢俱、電器、煙酒糖、宴席、交通、床上用品、化妝品等，還有人購買轎車、摩托車、電腦或進行住家裝修、旅遊等。

結婚後要建立一個小家庭的話，至少還要一間房子，在中國大城市中一間八十平方公尺（約二十五坪）的商品房大的平均要花十八萬元左右，再裝修一下還得要五至十萬元；在農村，新建三間磚瓦結婚主房、兩間廚房，少說也有兩萬元。有人計算過，從登記結婚到辦完婚事，須整整經過五十八道程序，哪道程序不用錢？對此，有權威機構樂觀地預計，全國每年結婚產生消費的總額將達兩千五百億元，並且可以提供五十萬個就業機會。結婚消費，這是一個多麼富詩意有而又甜蜜的「金礦」！

另據粗略統計，結婚消費可以帶動四十多個相關產業的發展，主要相對集中在輕工、紡織、電子、化工、飲服、交通等方面。這在中央號召地方大力拉動內需的今天，必然是一個值得關注的行業。不少大賓館、酒店幾乎都備有一套婚慶用品，每逢元旦、春節、五一、國慶等傳統喜慶節日，正是一年一度不變的結婚高峰，在此期間的賓館、酒店不提前十天半個月預訂，根本排不上檔。中國國慶五十周年，南京市這一天就有五百多對新人結婚，披著彩妝的婚嫁車輛從早到晚在大街上川流不息。

二、人們對婚慶公司的需求

然而，就是在這樣一個喜慶的過程中，有七十二％的被調查者認爲婚前消費是一個「忙、亂、累、煩」的階段。其中，大家對婚前購置各種結婚用品的奔波勞苦、勞神費事頗有同感。北京目前的婚慶市場並沒有形成規模，年輕人往往要爲買禮服、選飾品費盡周折。與廣州、深圳等南方城市已發展十分成熟的婚慶市場相比，北京才剛剛起步。

現在，除了婚紗影樓、鮮花租賣、婚慶禮品等，許多大商場還特別開闢結婚用品專櫃，從化妝品、床上用品、胸花、飾品等應有盡有，組合配套。只要進一家店，就可買齊日常用品，價格上分爲高、中、低檔，選擇餘地大，賣家服務熱情周到，買家稱心省事滿意。特別是在目前結婚形式還沒有發生大變化的情況下，爲新郎新娘省去許多煩心事的「結婚事務總承包」形式應運而生。有的專門購買具有西歐古典式的迎親專用彩車，既新奇，又風光，很受經濟實力較好的青年人青睞。一些婚禮禮儀公司還推出了代辦婚禮的配套服務，在廣州、上海、西

安等地出現的十萬元「套餐式」婚慶服務公司，就是其中較爲典型的例子。他們包辦婚事全過程，也有打破十萬元的常規、按新人要求辦妥的價格和程序及雙方約定辦的。這樣做不但辦得熱鬧、喜慶，而且也省事、省錢，預計一般可節省開支二十%左右。

據有關統計資料表明：被調查者願意將儲蓄存款的三十二%用於結婚消費支出，而適婚年齡的青年這一比例竟高達九十一%。婚慶消費是一個系列的消費過程，其涉及的內容從婚前的購屋、裝修、添置傢俱到結婚期間的婚紗攝影、婚車、喜宴等，再到婚後的蜜月度假。

自一九九〇年中國第一家婚慶公司成立，婚慶服務走上市場以來，逐步發展並帶動婚紗攝影、美容美髮、首飾禮品、家居用品、家用電器、飯店及旅遊業健康蓬勃地發展，推動了婚俗改革和精神文明建設，宣導了健康、科學、文明的生活方式。

十年來，中國的婚慶文化悄悄地發生著變化，青年人的文化品味、審美觀念、消費心理都在提高，他們越來越嚮往婚慶的民族傳統化、現代時尚化和國際流行化。所有這些就爲中國的婚慶人提出繼承和發揚民族傳統的婚俗文化和與國際婚慶行業接軌的課題。

婚慶市場上九大賣點

婚慶生意有多大，誰也說不清。對婚慶上常出現的十個角色進行一番調查，發現他們每年的生意的確越做越火紅。

一、婚慶主持人

平均每人的出場費用爲八百五十元，個人能獲取四百元。主持人在這種場合出場費較高，一次收費兩千八百元（包括樂隊八百元、禮儀小姐兩百元）。據一家婚慶公司介紹，他們那裡有專職主持人十多人，算上特約的有四十餘人，他們估計，僅北京從事婚慶主持這行的人大約有三百人。

二、婚車司機

旺季月收入一萬多元。訂一輛結婚用的車，價格不菲。作爲和婚慶公司有長

期聯繫的結婚專用車輛，基本上都保持長期合作，而北京用在結婚典禮上的私人好車有十多輛，一般到了九月份，全年用車都已經被訂光了，按這樣推算，一年十萬元不成問題。

三、影樓

著名影樓旺季月流水收入達兩百四十萬元。在北京，薇薇新娘影樓的美容總監張簡名氣挺大，人也特忙，光西單分店就有近十個化妝師得由她指導。在薇薇新娘影樓拍照，化妝費依檔次的不同而各異，最低爲兩百元，最高約四百五十元。在八九月份的結婚旺季裡，僅西單分店每天就會迎來四五十對客人，這麼一來一個月單化妝的收入便有三十六萬多元，平均每個化妝師能收入三千六百多元。通常顧客在薇薇新娘拍一套婚紗照的平均消費爲兩千元，按現在西單分店每天的顧客數，月收入兩百四十萬元應該沒有問題。

四、婚慶公司

旺季時公司月收入六十至八十萬元。

現在婚慶生意一下子旺了，預計每個月北京市會有一千多對結婚青年，如果除去租車和婚宴費用，按每對消費三千至四千元算，全市也會有四百多萬元。往年北京有十萬對新人喜結連理，其中有四千至五千對請婚慶公司幫忙。

婚慶公司提供全面的服務，每一項中他們都有大量特約人員，如化妝師、攝影師等。人們都預計婚慶公司的生意會越做越大，請婚慶公司是趨勢，因爲二十年前的一九八八年僅有一百對新人請婚慶公司。

五、攝影師

旺季月收入兩千多元。到了九月，就到了攝像師忙於拍攝婚慶錄影的時候了。九月份的四個雙休日估計要出去七場。一般情況下攝影師拍一個婚禮的收入是三百元，這麼說來，一個月攝影師傅有至少兩千元以上的收入。

在北京的婚禮上，拍攝經驗豐富的攝影師是必不可少的，其中相當大一部分是婚慶公司的特約攝影師。每拍一個婚禮，婚慶公司的收費是五百六十元。現在拍一個婚慶錄影的標準時間爲九十分鐘，但攝像師一般都要拍到一百多分鐘，而這一百多分鐘有的是從整個婚禮中精挑細選出來的。拍攝者的經驗的確是個關

鍵。

六、樂隊

樂隊每個人每一場婚慶演出的收入總共是八百元。北京小有名氣的蘭夢婚慶樂隊的馬青隊長說，他們樂隊四人每個人每一場婚慶演出的收入總共是八百元，這麼一來，一個月下來，每個人也有五千多元的收入。

現在，北京舉辦的婚禮中用樂隊的越來越多，馬青他們也越來越忙。一個電子琴、一個長號、一個薩克斯、一個小號，就是一個婚慶樂隊的基本班底。現在，北京這樣的樂隊越來越多，已經有一百多個了。

七、租喜字

大紅喜字高高掛。瀋陽金馬美術製品廠駐京辦事處的洪梓的大「喜」經常在王府飯店、香格里拉等處的婚禮儀式中出現。旺季裡一月租出去九十個不成問題。大「喜」字如果買要好幾千塊錢，在北京多是租「喜」字。現在，租一個要六百八十元，這麼一算，洪先生這個辦事處一個月就至少有六萬多元的收入。

八、花店

結婚旺季月保守收入三・六萬元，婚禮無花不成體統，鮮花生意更火紅。北京奧恩花卉中心的夏靖南說，在九月份這個結婚旺季，他們估計可以訂出至少六十套婚禮用花。現在，一套普通的用花服務，花卉中心可以收入六百元，這樣，花卉中心一個月的保守收入就是三萬六千元。

九、ＶＣＤ製作

有點招架不住，旺季裡一月收入過三萬元關曉歌師傅從一九九七年初開始做婚慶紀念ＶＣＤ，如今已成立了自己的光碟製作中心。

在最忙的九、十月份，關師傅常常得二十四小時忙個不休，平均每天能做五、六張，一個月就有一百八十多張。通常婚慶公司向顧客收取的ＶＣＤ製作費爲兩百八十元，給製作者的報酬爲兩百多元。這樣一算，關師傅在婚慶旺季一月能賺近三萬六千元。

如何經營婚慶服務公司

一、開業籌備

婚慶服務公司的位置是很重要的。一般情況下，公司開在鬧市區比僻靜之地要強得多。

然而，更重要的是廣告運用，想方設法擴大公司的知名度，這是開業籌備中十分緊要的事，如此，才會有生意上門，財源廣進。

婚慶服務包括很多專案：婚慶諮詢熱線電話、新婚購物諮詢服務、蜜月旅遊服務、舉辦婚禮、周年結婚紀念、生日祝壽活動、婚紗禮服出租、新婚美容美髮、新婚攝影攝影、禮儀小姐送貨上門和婚慶吉日諮詢等。

辦好各個項目，必須全盤考慮，又要具體做好每一個項目。還要注意，開辦這樣一家公司投入很大，要量力而行。

二、運營管理

婚慶服務主要是結婚的典禮、儀式，主要有：

會場佈置婚禮策劃	設計圖稿確認，實樣鮮花佈置 提供宴會廳佈置和新人休息室佈置
婚禮司儀	確認致辭模擬，排演全場主持 提供婚宴策劃、當日流程表、司儀全場主持
婚紗禮服飾品	婚紗禮服，外租飾品 提供多套結婚當天新娘穿的高級婚紗
婚禮化妝	髮型推薦造型試妝，全程跟妝 提供結婚當天新娘全天跟蹤美容化妝和美髮服務
婚禮花卉	襟花、頭花、捧花、主桌花、禮車紮彩 提供所有鮮花、新娘捧花、頭花、新郎胸花等服務
婚禮用車	新人禮車、隨行跟車、嘉賓巴士 提供接送新郎新娘婚車一輛 提供迎送客人的空調大巴士一至兩輛
婚禮樂隊歌手	現場演奏、唱歌、嘉賓點曲、點歌、歌樂伴舞
婚禮攝影	全程攝影製作相冊，提供全程攝影服務

婚慶服務公司運營中要賺錢，就必須擴大公司的美譽，要擴大美譽，就得從服務品質上下功夫，贏得對方的信任，獲得顧客的好感。同時要具體的在操作上劃分層次，拉開等級。

婚慶市場所需要的是熱熱鬧鬧，樂隊伴奏、汽車接送、實況錄影、鞭炮紅花。選擇飯店、賓館的品質要講究些，新婚一日旅遊，也是必不可少的。婚慶服務的等級要拉開，可以分七八個等級，對於雙方的學歷、文化修養、素質、心理、家庭要有全面的分析和了解，對每一對新婚夫婦都力求安排一個新花樣，這樣可以吸引更多的顧客。

三、婚慶公司服務的傳統專案

1. 出租伴娘和伴郎

新人結婚找自己親朋好友做伴郎、伴娘是很常見的，而花錢去租用「陌生」的伴郎、伴娘還是一個比較新鮮的事物。目前城市裡的年輕人都晚婚，結婚時一般都是自己的同學、朋友做伴郎、伴娘，可是，經常會遇到這種情況，即自己的朋友很多都已婚。而約定俗成的規矩是，伴娘、伴郎都要求未婚。

專業的伴娘伴郎參加過很多婚禮，經驗豐富，且對當地的各種風俗都比較了解，能爲新郎、新娘出謀劃策，查漏補缺，打好圓場，避免尷尬。

在某婚慶公司上班的伴娘劉小姐說，做伴娘工作看似簡單，其實非常累，不僅要能喝酒，還要能巧妙應付客人提出的種種刁鑽要求，剛開始做覺得特別不習慣，現在場面見多了，也就適應了。

負責出租伴娘、伴郎的南京西園婚慶公司李經理介紹，他們開展這項業務已有半年，業務量並不太大，主要服務對象是一些外地在此工作的或適婚青年。客戶挑選伴郎、伴娘，除要求人聰明靈活之外，還要求他們長相不要太漂亮，免得喧賓奪主。

據了解，在南京近三十多家婚慶公司中，已有兩家開展這項業務。業內人士樂觀地估計，隨著伴娘、伴郎專業化程度的不斷提高，這一全新的婚慶服務專案將會被越來越多的年輕人接受。

2. 紀念婚、集體婚禮

幾年前，「紫房子」爲北京豐台區的十六對老人舉辦了金婚慶典。在這之前，主持人逐一了解他們生活的艱辛和對社會的貢獻，把他們的事蹟編在主持詞

裡，慶典上年過花甲的老人們感動得喜極而泣。隨著人們生活水準的提高，紀念婚也開始被人重視了。不少兒女找到婚慶公司要幫操勞了一生的父母重溫往日戀情，回顧走過的道路。於是銀婚、金婚紀念開始興起。與此同時，不少婚慶公司認爲集體婚禮也將成爲這個市場的賣點。如今畢業後留京的大學生越來越多，他們在北京沒有親人，結婚除了回老家辦酒席以外幾乎沒有選擇。於是一些大公司出面爲年輕人辦集體婚禮，這對於剛分配來的年輕人是最好的感情投資。而對於婚慶市場來說，則是一座金礦。

婚慶公司的特色經營項目

一、個性婚禮

提及婚禮，人們往往更多地聯想到場面的熱烈、安排的忙碌、禮節的繁瑣。而婚慶公司所提供的各種服務，從某種意義上說，其實也僅僅滿足了新人婚禮的基本需要，尙屬簡單服務。現代都市人對婚禮的要求已遠遠不止如此。越來越多的人開始注重自己婚禮的個性化，追求高品位、高品質的婚禮形式和內容。而專業婚慶公司的水準和特色也正呈現於此。

每一對新人的文化背景、社會環境、戀愛經過都有著自己的特點，也都有對自己婚禮的不同理解和設想。這就需要婚慶公司的專業策劃人員根據新人的不同特點，有針對性地策劃出個性鮮明、風格各異的婚禮方案並具體實施，這就是「個性婚禮」。使新人在舉行婚禮的同時，不僅體會到婚禮的喜慶與隆重，更能透過婚禮去體味人生的意義，去領悟對愛情、婚姻、家庭的諸多感受，去回憶昨日的甜蜜，珍惜今天的擁有。

個性婚禮已成爲都市的一道亮麗風景線。越來越多的新人在籌辦婚事時，不再滿足於盲目追隨和仿效仿別人，而是開始注重個性的展示，眞正辦一個屬於自己的婚禮，使婚禮成爲人生旅程的新起點，成爲新婚夫婦二人最輝煌的瞬間。

二、旅行婚禮

近年來，到國外舉辦婚禮或度蜜月逐漸成爲都市年輕一族的結婚「新時尚」，市場需求日趨旺盛，「旅行社＋婚慶公司」的經營模式在北京等地應運而生。專業人士認爲，這一新興的婚慶旅遊經營模式，既有利於旅行社進一步開發

新的旅遊產品，又可爲正處於低谷的婚慶公司開拓新路，值得推廣。

一項抽樣調查表明，被訪消費者願意將儲蓄的三十二%用於結婚消費支出。北京婚姻登記處的統計資料也顯示，北京每年有不少於八萬對新人結婚，其中八十%的新人會選擇在居住地酒店舉行結婚儀式，然後外出蜜月旅遊；二十%的新人會免掉婚宴直接選擇蜜月旅遊，每對新人蜜月旅行花費一般在二至五萬元之間。面對婚慶旅行市場如此巨大的潛在商機，中國婦女旅行社和北京紫房子婚慶公司曾聯手推出的「情緣之旅泰國遊」和「泰國蜜月六日遊」等項目，給中國旅遊市場帶來不小的震動。

這種經營模式的出現，有出境旅遊市場不斷升溫、城市居民收入提高、逐漸破除傳統婚俗等因素，但更重要的是市場細分的結果。它不僅使兩個處於不同行業的企業在同一個合作平台上共用客源，互相彌補，同時也可透過雙方核心資源的聯合，提高各自在行業內的競爭實力。旅行社藉由與專業婚慶公司合作，提升了產品的知名度，更重要的是增加了有針對性的專項服務，提高了旅遊專案的含金量，增加了利潤。

中國加入世貿組織後，公民出境旅遊的目的地的限制將逐步放寬，婚慶旅遊這一新興市場的發展空間必將不斷擴大，行動快的企業將率先受益。因此，旅行社應將新婚夫婦作爲一個獨立客體仔細研究，開發更有針對性、眞正以「浪漫新婚」爲主題的旅遊產品。

三、主題婚禮

拍婚紗照、新婚典禮、辦喜宴儘管是絕大多數新人的結婚歷程，但這其中卻是各有各的高招。新人們的個性化要求也迫使婚慶公司的業務不斷出新。

據了解，爲迎合年輕人追求浪漫的心理，這兩年婚慶儀式上還策劃出了不少新節目。「紫房子」就曾推出了「鎖定今生」的儀式：一對新人下車步人婚禮殿堂之前，共結同心鎖，並在紅綢緞上共同書寫新婚誓言，然後把拴有鑰匙和紅綢緞的氫氣球放飛，讓藍天作證，大地爲憑。鎖定姻緣，這個寓意十分美好。以前北京有訂婚的老禮數，現在這個鎖定今生的儀式既不繁瑣又有意義，新人們願意接受。據調查，現在有二十%辦婚禮的年輕人表示接受這個項目。

這兩年婚慶典禮場地的佈置也呈現出多樣化的格局。一位「老婚慶」說，以前也就是搭個喜字，做個富貴牡丹花、龍鳳呈樣等喜慶的裝飾，如今年輕人的要

求越來越多。用男、女娃娃組成喜娃娃，做丘比特塑像，紮氣球柱，不一而足。在婚禮樣式上也是中西合璧。比如美國西部白人區的禮節最講究，他們的新婚入場式很嚴格，新娘必須由父親領著再交到新郎手中。這個細節很有人情味，其實中國的女兒也希望讓養育了自己二十多年的父親在這個特殊場合站到人前，分享自己的喜悅和驕傲。如今很多中國人結婚也願意採取這種方式。而與此相反，在許多跨國婚禮中，外國人更願意依從中國婚俗，他們對中式服裝、紅蓋頭、坐轎子很感興趣。

四、舊式婚禮

在外企（外商）工作的杜先生要結婚，由於請的客人中有不少外國朋友，所以他請婚慶公司幫他設計了一場獨具特色的懷舊民俗婚禮，接客人的一律是老北京的三輪黃包車，穿著中式小褂的車夫載著客人穿過什剎海邊的古橋與柳蔭，然後在後海邊的一家老字型大小餐廳享受京味婚宴。

另一家婚慶公司則要爲一對涉外（異國）婚姻舉行中國傳統式婚禮，花轎子、紅地毯、八仙桌、火盆、馬鞍、蓋頭一應俱全，婚禮在一座四合院中舉行，新郎新娘要三拜九叩才能走進洞房。據稱，舉辦傳統中式婚禮最近很時髦，不少新人來預訂。

現在辦特色婚禮的新人越來越多。各家婚慶公司也是各有各的花招，他們應新人的要求設計了不少特色婚禮，有的是熱鬧喜慶的轎子婚禮，有的到郊外山清水秀的度假村舉辦綠色婚禮，或者在歐式庭院中進行戶外自助餐婚禮，還有的組織新婚者全家人到郊區種下結婚紀念樹。

五、頂級婚禮

曾經有一場豪華婚禮驚動了京城媒體：車隊將有二十八輛賓士，三千八百元一桌的酒席至少十八桌，光鮮花就超過十萬元，五星級飯店的場地費……婚結下來，還不得百十來萬元！雖然後經證實，婚禮並沒有如此「奢華」，不過花了約二十萬元，但貴賓樓的一位經理說，這是他們承辦婚禮中最高檔的。

首汽集團國賓車隊的一百多輛汽車中，高檔車在婚禮中被租用最多，現有的十輛加長卡迪拉克和加長林肯最受歡迎，雖然每次租用價格要四千元左右，在長假期間還是排得滿滿的。

第七章
汽車裝飾美容店

商圈調查

一、商圈的概念及調查的作用

廣義的商圈指一個都市中各個繁榮商業帶的分佈，如北京的西單、王府井等。狹義的商圈指以店的所在地爲中心，沿著一定的方向和距離擴展，吸引顧客的輻射範圍，簡單地說，也就是來店顧客所居住的地理範圍（通常消費者願意步行來購買商品的距離爲五百公尺，但會隨著四周的一些障礙，如道路、山河等的改變，有所增減變動）。

二、商圈調查的重要性

第一，商圈調查可以預估商店坐落的地點和可能交易範圍內的住戶數、流動人口量等人口資料，並透過消費水準預估營業額等消費資料。對商圈的分析與調查，可以幫助經營者明確哪些是本店的基本顧客群，哪些是潛在顧客群，力求在保持基本顧客群的同時，著力吸引潛在顧客群。

第二，商圈調查可以幫助開店者了解預定門市坐落地點所在商圈的優缺點，從而決定是否爲最適合開店的商圈。在選擇店址時，應在明確商圈範圍、了解商圈內人口的分佈狀況及市場、非市場因素的有關資料的基礎上，進行經營效益的評估，衡量地址的使用價值，按照設計的基本原則，選定適宜的地點，使商圈、位置、經營條件協調融合，創造經營優勢。

第三，良好的商圈調查，可以使經營者了解店面位置的優劣及顧客的需求與偏好，作爲調整賣方商品組合的依據；可以讓經營者依照調查資料訂立明確的業績目標。藉由商圈分析，制訂市場開拓戰略，不斷延伸經營觸角，擴大商圈範圍，提高市場佔有率。

三、商圈的分類

1. 住宅區：以家庭住宅爲主的地區。
2. 文教區：附近有學校的地區。
3. 辦公區：以辦公大樓爲主的地區。

4. 商業區：以商店為主的地區。
5. 娛樂區：附近有電影院、夜店等娛樂場所的地區。
6. 工業區：附近有工廠的地區。
7. 夜市區：以夜市為主的地區。
8. 專門店區：同類商店聚集的地區。

開店者可根據調查得知自己應處在哪個區能有最大效益，它是開店成功與否的一個關鍵。另外，它還有助於開店時對商圈的選擇，以減少重複調查的時間及成本。

四、商圈調查內容

商圈的調查包括商圈界線、商店特色、住宅特色及分佈情況、公共設施等方面。其調查的主要目的是商圈是否有足夠的潛力來設立店面，也為了長遠的發展。下面我們簡單介紹如何由居民資料、交通條件、建築物特徵三方面了解商圈。

1. **居住地及居民資料**

(1) 開店所在地區的歷史、資源及地形。

(2) 開店地區的人口狀況。

(3) 開店地區內消費者的收入及消費習慣。

(4) 開店地區內的產業結構。

(5) 未來公共及私人的建設計畫。

2. **交通條件**

(1) 商圈內的道路發展前景。

(2) 道路的路面狀況。

(3) 交通路線的密集程度。

(4) 車輛往來班次、載運量。

(5) 停車設施。

3. **建築物特徵**

(1) 住宅的建築狀況及分佈情況。

(2) 商業建築物的分佈情況及特徵。

(3) 公共建築的分佈情況及特徵。

(4) 人潮聚集點或各種標牌。

投資契機

據中國國家資訊中心的資料顯示：中國一九九六年開始汽車總銷量每年以十五%的速度遞增，其中轎車的年需求量將跨越一百至兩百萬輛目標。隨著工業經濟的強勁發展，未來生活工作的節奏將大大加快，汽車將逐漸成爲大衆的代步工具。可以預見汽車維護、美容、維修、保養等服務必將成爲大衆日常的消費內容。目前中國的汽車擁有量超過一．二億輛，轎車工業正以二十五%的速度劇增，可以想像，中國入世後汽車售後服務市場必將成爲眞正的黃金產業。誰能開拓市場，誰能準確把握市場，誰就會獲得豐厚的利益回報。隨著車市的火紅，汽車服務業也跟著火紅起來，汽車超市、汽車保養、汽車美容等服務專案跟風而上，投資汽車裝飾美容成爲時下一個很熱門的話題。

汽車產業包括汽車製造業和汽車服務業兩大部分，而後者常常稱爲後汽車市場。整個汽車業的利潤五十%來自於汽車服務。據有關調查表明，目前中國境內購車者中有八十五%對廠商提供的基本車型有裝飾改造的要求。其中二十五%希望改裝音響，六十八%需要貼太陽膜，四十五%需要改裝內部，三十五%希望安裝防盜器，每輛車每年用在洗車打蠟等方面的費用多在千元以上。隨著汽車持有量的激增，汽車裝飾美容業正面臨著一次前所未有的發展機遇。

目前汽車裝飾美容市場存在的問題及利潤分析

一、目前存在的問題

目前汽車裝飾美容市場整體上發展凌亂無序。隨著汽車用品市場的國際化，產品或服務價格進一步明朗化。區域之內及區域之間的競爭進一步加劇，價格大戰已成爲某些地區內汽車裝飾美容店競爭的唯一手段。加上消費者心理的日趨成熟，相對於前幾年，汽車裝飾店家都覺得舉步維艱，對未來如何發展既無方法也找不到方向。據調查顯示，目前全國範圍內的汽車裝飾美容店存在的問題集中在以下幾個方面：

第一，店面綜合管理水準差：包括店面形象設計、客戶管理、人力資源、產品供銷、售後服務等都缺乏完整有效的管理系統。

第二，產品結構品質差：由於片面理解消費者，導致進貨隨意使產品積壓。很多店還存著兩年前的產品而導致結構太差，不能滿足消費者的眞正需求。

第三，技術層次低，資訊不靈通，先進的裝飾美容技術由於各種原因得不到掌握推廣。

第四，營業水準較差而導致銷售產品能力極低。

二、收益分析

以上問題雖然存在，但他們仍能獲利，這說明汽車售後市場仍然存在不規範的現象，顧客的消費意識、消費觀念仍需進一步提高。隨著經濟的進一步發展，人民生活水準的不斷提高，科學、理性的消費將成爲未來主流。「四無」店（無專業技術、無專業設備、無專業名牌產品、無服務品質保證）將逐步失去市場。相反，集約經營型汽車服務連鎖將以其專案齊全、技術精湛、服務快捷方便、品

質穩定而越來越受到人們的歡迎。

據市場調查，一輛汽車每年用於洗車的費用是六百元左右，平均每月五十元。如果一個美容店有一百個固定客戶，每年洗車收入約600×100＝60000元，而每年每輛車用於裝飾、維護、保養的費用約兩千元。如一家服務店仍以一百位客戶計算，收入爲100×2000＝200000元。合計以上收入每年爲二十六萬元，除去必要的開支，利潤是相當可觀的，加上其他配置專案如汽車裝飾、輪胎平衡修補、換油、貼膜、維修保養精品銷售等利潤率均在五十%以上。回報利豐厚，具有廣闊的市場前景。

投資入手的三種方案

目前各大城市的街頭，不同品牌的汽車養護特許加盟店招牌幾乎隨處可見，各自的盟主有著不同的管理方式和自身特色，有些已經取得不錯的經營業績，吸引著越來越多的投資者加盟。美國保標快車養護中心的有關人員介紹，開一家汽車養護店門檻並不像人們通常想像得那麼高，以保標快車爲例，他們在中國推出三種投資方案：

1. **方案之一**

十萬元開設基礎店，可以進行基本汽車保養服務和簡單美容服務。

2. **方案之二**

十八萬元開設增強店，多條服務流水線作業，可提供標準美容服務。

3. **方案之三**

二十五萬元開設標準店，可提供全面的具有國際領先水準的美國標準服務。

上述金額主要包含分別爲兩萬元、三萬元和五萬元的品牌加盟金、主要設備款和店面統一標識的裝修費用等。此外，三種店面的建議營業面積分別爲一百平方公尺、一百五十平方公尺和兩百平方公尺。

關於經營店面的專業技術方面，招盟商一般都承諾將進行全程的技術支援，即從加盟店開業前就開始對加盟者進行系統的專業培訓，之後會有專業技師在店內進行跟蹤指導和服務，解決加盟者的後顧之憂。

第八章

網上商店

市場行情分析

一、Internet可以賺錢，你應該聽過

凡事預則立，相信大多數企業，在考慮是否利用Internet進行行銷工作的同時總是考慮到一個最敏感的問題：Internet行銷，賺不賺錢？或者說，Internet行銷，如何賺錢？

說句實在話：Internet本身不會讓您賺錢，但是Internet可以幫你賺到錢，就向電話一樣，電話不會為你賺錢，但利用電話這個工具可以讓你賺到錢。Internet不僅可以幫你賺到錢，還可以幫你省錢，還可以幫你提高行銷效率和客戶服務的水準，還可以幫你管理客戶資料，這些都是Internet帶來的好處。

二、世界五百強正是從這裡起步

戴爾電腦公司，就是透過網路直銷模式而取得巨大的利潤回報！在歷年的美國《商業週刊》所評出的世界資訊一百強中，戴爾電腦公司以百萬美元的銷售額

名列前茅，而在盈利前十強中，該公司以四十四．六％股票收益率保持第七位。同在此列的還有亞馬遜網上銷售公司、「Expedia網站」、「Hotels網站」等等，都是使用Internet行銷手段的大贏家！

中國中小企業有沒有必要進行Internet行銷？有不少中小企業的管理者總是在想：我是一家小企業，有必要進行網路行銷嗎？現在利用傳統行銷也可以盈利！而且進行網路行銷還要再投入一定的成本，有沒有這個必要呢？

相信大家都清楚，企業不加強行銷力度，只守不攻的話，勢必會讓更大的企業將市場吞併！但是如何競爭呢？但在傳統行銷上，無論是在市場佔有率通路（管道）建設程度、經銷商核心影響力、終端普及率等等，因爲大企業成立年限長的原因都佔有著絕對優勢。而Internet行銷，從始至今，不過短短數年，這是任何一家企業也無法改變的事實，也因此在Internet行銷中不論是大企業還是小公司，起跑點都是相差無幾的，也是目前小企業唯一可以與大企業正面競爭的較勁場所。而且相對於傳統行銷，Internet行銷有著：投入少，見效快，回報週期短等等特點。

相信有一些企業曾進行過Internet行銷，卻因爲成效不明顯，而草草收場，而且對此行銷模式不再報有信心。如果真如此，請恕我直言：那一定是定位出錯！再大的行銷投入，功能再全面的網路平台，再齊全的後續服務支援，如果定位失敗，那這一切都只等於零！

網路會員制行銷的兩種傾向

根據Forrester Research的調查，網路會員制行銷（Affiliate marketing），又譯聯屬網路行銷，目前在網上銷售的年增長率是一百四十億美元。

對於實施會員制的網上零售商來說，加盟會員的數量過去一直是盟主最關心的事。現在，更多的零售商意識到，除了數量之外，分別發展高品質的加盟會員尤其重要。這就像是增加搜索引擎的鏈結廣泛度，數量不能少，品質更是關鍵。

不少會員制行銷人拋棄過去全面撒網的策略，而轉向範圍面更窄更深入、定位更準的會員吸收模式。實際上，很多網站已由此獲得成功，銷售增加。據Affiliatemanager.net調查，二十五%的網路會員制行銷人去年縮減了會員數量。

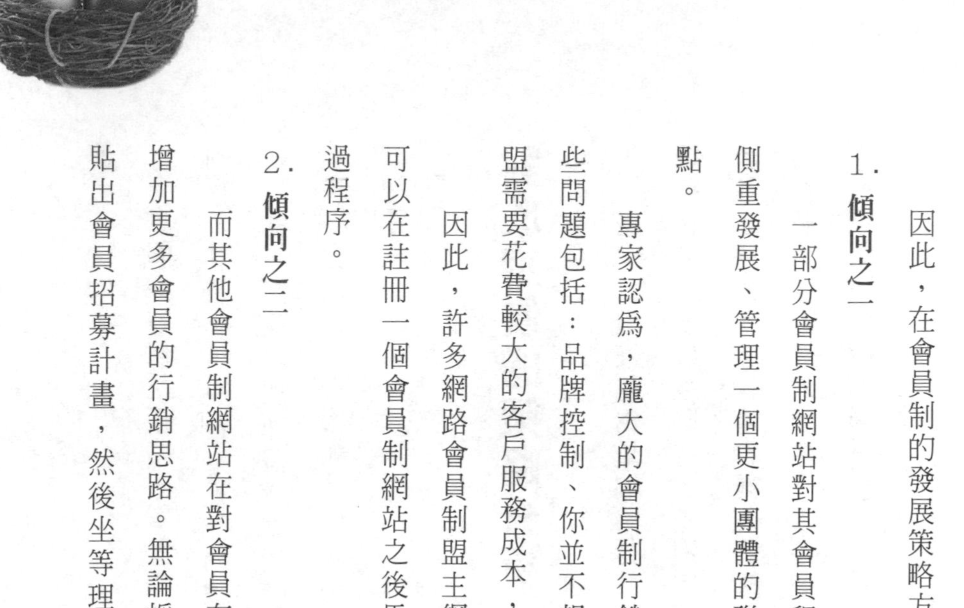

因此，在會員制的發展策略方面，目前有兩種傾向：

1.**傾向之一**

一部分會員制網站對其會員程式控制嚴格，品牌保護意識很強，他們往往只側重發展、管理一個更小團體的聯盟，該聯盟成員網站具有高品質、高產出的特點。

專家認爲，龐大的會員制行銷可能會潛藏一些問題，初期不會馬上顯現。這些問題包括：品牌控制、你並不想與之結盟的會員可能加入、支援龐大的會員聯盟需要花費較大的客戶服務成本，有時候還會出現欺詐問題。

因此，許多網路會員制盟主網站加強了對加盟會員的審核。現在很少有網站可以在註冊一個會員制網站之後馬上開始運行它的賺錢計畫，而需要經過審核通過程序。

2.**傾向之二**

而其他會員制網站在對會員有選擇性吸收的基礎上，更強調廣泛的發展面，增加更多會員的行銷思路。無論採取哪種策略，行銷實施人都不可能只在網站上貼出會員招募計畫，然後坐等理想的會員找上門來，而必須進行有力的推廣宣傳。

具體採取何種策略，需要根據網站的主要發展目標來決定。專家認爲，會員制行銷計畫必須與企業經營的總體目標一致。一個銷售許多不同類別商品的網站，就應側重增加加盟會員的數量。如果採用更小團體的發展計畫，即只發展「核心會員」，那麼網站傭金率通常降低，以削減每份定單的平均成本，保證利潤總額。

對於定價的策略分析

差別定價被認爲是網路行銷的一種基本的定價策略，一些製作者甚至提出在網路行銷中要始終堅持「差別定價」，然而，沒有什麼經營策略在市場上是可以無往不勝的，差別定價雖然在理論上很好，但在實施過程中卻存在著諸多困難，我們將以「亞馬遜」的一次不成功的差別定價試驗作爲案例，分析企業實施差別定價策略時面臨的風險以及一些可能的防範措施。

一、亞馬遜公司實施差別定價試驗的背景

一九九四年，當時在華爾街管理著一家對沖基金的傑夫·貝佐斯（Jeff Bezos）在西雅圖創建了亞馬遜公司，該公司從一九九五年七月開始正式營業，一九九七年五月股票公開發行上市，從一九九六年夏天開始，亞馬遜極其成功地實施了聯屬網路行銷戰略，在數十萬家聯屬網站的支持下，亞馬遜迅速崛起成爲網上銷售的第一品牌，到一九九九年十月，亞馬遜的市值達到了兩百八十億美元，超過了西爾斯（Sears Roebuck & Co.）和卡瑪特（Kmart）兩大零售巨人的市值之和。亞馬遜的成功可以用以下數字來說明：

根據Media Metrix的統計資料，亞馬遜在二〇〇〇年二月在訪問量最大的網站中排名第八，共吸引了一千四百五十萬名獨立的訪問者，亞馬遜還是排名進入前十名的唯一一個純粹的電子商務網站。

根據Pcdata Online的資料，亞馬遜是二〇〇〇年三月最熱門的網上零售目的地，共有一千四百八十萬獨立訪問者，獨立的消費者也達到了一百二十萬人。亞馬遜當月完成的銷售額相當於排名第二位的Cdnow和排名第三位的Ticketmaster完成的銷售額的總和。在二〇〇〇年，亞馬遜已經成爲Internet上最大的圖書、唱片和影視光碟的零售商，亞馬遜經營的其他商品類別還包括玩具、電器、家居用品、軟體、遊戲等，品種達一千八百萬種之多，此外，亞馬遜還提供線上拍賣業務和免費的電子賀卡服務。

但是，亞馬遜的經營也暴露出不小的問題。雖然亞馬遜的業務在快速擴張，但虧損額卻也在不斷增加。在二〇〇〇年第一季中，亞馬遜完成的銷售額爲五．七四億美元，較前一年同期增長九十五％，第二季的銷售額爲五．七八億美元，較前一年同期增長了八十四％。但是，亞馬遜第一季度的總虧損額達到了一．二二億美元，相當於每股虧損〇．三五美元，而前一年同期的總虧損額僅爲三千六百萬美元，相當於每股虧損爲〇．一二美元，亞馬遜二〇〇〇年第二季的主營業務虧損額仍達八千九百萬美元。

亞馬遜公司的經營危機也反映在它股票的市場表現上。亞馬遜的股票價格自一九九九年十二月十日創下歷史高點一〇六．六八七五美元後開始持續下跌，到二〇〇〇年八月十日，亞馬遜的股票價格已經跌至三十．四三八美元。在業務擴張方面，亞馬遜也開始遭遇到了一些老牌門戶網站——如美國線上、雅虎等的有力競爭，在這一背景下，亞馬遜迫切需要實現贏利，而最可靠的贏利項目是它經

營最久的圖書、音樂唱片和影視光碟，實際上，在二〇〇〇年第二季亞馬遜就已經從這三種商品上獲得了一千萬美元的營業利潤。

二、亞馬遜公司的差別定價

作為一個缺少行業背景的新興的網路零售商，亞馬遜不具有巴諾（Barnes & Noble）公司那樣卓越的物流能力，也不具備像雅虎等門戶網站那樣大的訪問流量，亞馬遜最有價值的資產就是它擁有的兩千三百萬註冊用戶，亞馬遜必須設法從這些註冊用戶身上實現盡可能多的利潤。因為網上銷售並不能增加市場對產品的總的需求量，為提高在主營產品上的贏利，亞馬遜在二〇〇〇年九月中旬開始了著名的差別定價實驗。亞馬遜選擇了六十八種DVD光碟進行動態定價試驗，試驗當中，亞馬遜根據潛在客戶的人口統計資料、在亞馬遜的購物歷史、上網行為以及上網使用的軟體系統確定對這六十八種光碟的報價水準。例如，名為《泰特斯》（Titus）的光碟對新顧客的報價為二十二・七四美元，而對那些對該光碟表現出興趣的老顧客的報價則為二十六・二四美元。

藉由這一定價策略，部分顧客付出了比其他顧客更高的價格，亞馬遜因此提高了銷售的毛利率，但是好景不長，這一差別定價策略實施不到一個月，就有細心的消費者發現了這一秘密，通過在名爲DVDTalk（www.dvdtalk.com）的音樂嗜好者社區的交流，成百上千的ＤＶＤ消費者知道了此事，那些付出高價的顧客當然怨聲載道，紛紛在網上以激烈的言辭對亞馬遜的做法進行口誅筆伐，有人甚至公開表示以後絕不會在亞馬遜購買任何東西。

更不巧的是，由於亞馬遜前不久才公佈了它對消費者在網站上的購物習慣和行爲進行了跟蹤和記錄，因此，這次事件曝光後，消費者和媒體開始懷疑亞馬遜是否利用其收集的消費者資料作爲其價格調整的依據，這樣的猜測讓亞馬遜的價格事件與敏感的網路隱私問題聯繫在了一起。

爲挽回日益凸顯的不利影響，亞馬遜的首席執行長貝佐斯只好親自出馬做危機公關，他指出亞馬遜的價格調整是隨機進行的，與消費者是誰沒有關係，價格試驗的目的僅僅是爲測試消費者對不同折扣的反應，亞馬遜「無論是過去、現在或未來，都不會利用消費者的人口資料進行動態定價。」貝佐斯爲這次事件給消費者造成的困擾向消費者公開表示了道歉。不僅如此，亞馬遜還試圖用實際行動挽回人心，亞馬遜答應給所有在價格測試期間購買這六十八部ＤＶＤ的消費者以

最大的折扣，據不完全統計，至少有六千八百多名沒有以最低折扣價購得DVD的顧客，已經獲得了亞馬遜退還的差價。

至此，亞馬遜價格試驗以完全失敗而告終，亞馬遜不僅在經濟上蒙受了損失，而且它的聲譽也受到了嚴重的損害。

三、亞馬遜差別定價試驗失敗的原因

我們知道，亞馬遜的管理層在投資人要求迅速實現贏利的壓力下開始了這次有問題的差別定價試驗，結果很快便以全面失敗而告終，那麼，亞馬遜差別定價策略失敗的原因究竟何在？我們說，亞馬遜這次差別定價試驗從戰略制定到具體實施都存在嚴重問題，現分述如下：

1.戰略制定方面

首先，亞馬遜的差別定價策略與其一貫的價值主張相違背。在亞馬遜公司的網頁上，亞馬遜明確表述了它的使命：要成爲世界上最能以顧客爲中心的公司。在差別定價試驗前，亞馬遜在顧客中有著很好的口碑，許多顧客想當然地認爲亞馬遜不僅提供最多的商品選擇，還提供最好的價格和最好的服務。亞馬遜的定價試驗徹底損害了它的形象，即使亞馬遜為挽回影響進行了及時的危機公關，但亞馬遜在消費者心目中已經永遠不會像從前那樣值得信賴了，至少，人們會覺得亞馬遜是善變的，並且會為了利益而放棄原則。

其次，亞馬遜的差別定價策略侵害了顧客隱私，有違基本的網路行銷倫理。亞馬遜在差別定價的過程中利用了顧客購物歷史、人口統計學資料等資料，但是它在收集這些資料時是以為了向顧客提供更好的個性化的服務為幌子獲得顧客同意的，顯然，將這些資料用於顧客沒有認可的目的是侵犯顧客隱私的行為。即便美國當時尚無嚴格的保護資訊隱私方面的法規，但亞馬遜的行為顯然違背了基本的商業道德。

此外，亞馬遜的行為同其市場地位不相符合。亞馬遜違背商業倫理的行為曝光後，不僅它自己的聲譽會受到影響，整個網路零售行業都會受到牽連，但因為亞馬遜本身就是網上零售的市場領導者，佔有最大的市場份額，所以它無疑會從行業信任危機中受到最大的打擊，由此可見，亞馬遜的策略是極不明智的。綜上，亞馬遜差別定價策略從戰略管理角度看有著諸多的先天不足，這從一開始就註定了它的「試驗」將會以失敗而告終。

2. 具體實施方面

我們已經看到亞馬遜的差別定價試驗在策略上存在著嚴重問題，這決定了這次試驗最終失敗的結局，但實施上的重大錯誤是使它迅速失敗的直接原因。

首先，ＤＶＤ市場的分散程度很高，而亞馬遜不過是眾多經銷商中的一個，所以從嚴格的意義上講，亞馬遜不是ＤＶＤ價格的制定者。但是，假如我們考慮到亞馬遜是一個知名的網上零售品牌，以及亞馬遜的ＤＶＤ售價低於主要的競爭對手，所以，亞馬遜在制定價格上有一定的迴旋餘地。當然，消費者對ＤＶＤ產品的需求彈性存在著巨大的差別，所以亞馬遜可以按照一定的標準對消費者進行細分，但問題的關鍵是，亞馬遜的細分方案在防止套利方面存在著嚴重的缺陷。

亞馬遜的定價方案試圖通過給新顧客提供更優惠價格的方法來吸引新的消費者，但它忽略的一點是：基於亞馬遜已經掌握的顧客資料，雖然新顧客很難偽裝成老顧客，但老顧客卻可以輕而易舉地通過重新登錄偽裝成新顧客實現套利。至於根據顧客使用的流覽器類別來定價的方法同樣無法防止套利，因爲網景流覽器和微軟的ＩＥ流覽器基本上都可以免費獲得，使用網景流覽器的消費者幾乎不需要什麼額外的成本就可以透過使用ＩＥ流覽器來獲得更低報價。因此無法阻止套利，所以從長遠角度，亞馬遜的差別定價策略根本無法有效提高贏利水準。

其次，亞馬遜歧視老顧客的差別定價方案同關係行銷的理論相背離，亞馬遜的銷售主要來自老顧客的重複購買，重複購買在總訂單中的比例在一九九九年第一季爲六十六％，一年後這一比例上升到了七十六％。亞馬遜的策略實際上懲罰了對其利潤貢獻最大的老顧客，但它又沒有有效的方法鎖定老顧客，其結果必然是老顧客的流失和銷售與盈利的減少。

最後，亞馬遜還忽略了虛擬社區在促進消費者資訊交流方面的巨大作用，消費者透過資訊共用顯著提升了其市場力量。的確，大多數消費者可能並不會特別留意亞馬遜產品百分之幾的價格差距，但從事網路行銷研究的學者、主持經濟專欄的作家以及競爭對手公司中的市場情報人員會對亞馬遜的定價策略明察秋毫，他們可能會把他們的發現通過虛擬社區等管道廣泛傳播，這樣，亞馬遜自以爲很隱秘的策略很快就在虛擬社區中露了底，並且迅速引起了傳媒的注意。

比較而言，在亞馬遜的這次差別定價試驗中，戰略上的失誤是導致「試驗」失敗的根本原因，而實施上的諸多問題則是導致其慘敗和速敗的直接原因。

四、亞馬遜差別定價試驗給我們的啓示

亞馬遜的這次差別定價試驗是電子商務發展史上的一個經典案例，這不僅是因爲亞馬遜公司本身是網路零售行業的一面旗幟，還因爲這是電子商務史上第一次大規模的差別定價試驗，並且在很短的時間內就以慘敗告終。我們從中能獲得哪些啓示呢？

首先，差別定價策略存在著巨大的風險，一旦失敗，它不僅會直接影響到產品的銷售，而且可能會對公司經營造成全方位的負面影響，公司失去的可能不僅是最終消費者的信任，而且還會有管道夥伴的信任，可謂「一招不愼，滿盤皆輸」。所以，實施差別定價必須愼之又愼，尤其是當公司管理層面臨短期目標壓力時更應如此。具體分析時，要從公司的整體發展戰略、與行業中主流行銷倫理的符合程度以及公司的市場地位等方面進行全面的分析。

其次，一旦決定實施差別定價，那麼選擇適當的差別定價方法就非常關鍵。這不僅意味著要滿足微觀經濟學提出的三個基本條件，而且更重要的是要使用各種方法造成產品的差別化，力爭避免赤裸裸的差別定價。常見的做法有以下幾種：

1.透過增加產品附加服務的含量來使產品差別化

行銷學意義上的商品通常包含著一定的服務，這些附加服務可以使核心產品更具個性化，同時，服務含量的增加還可以有效地防止套利。

2.同批量訂制的產品策略相結合

訂制弱化了產品間的可比性，並且可以強化企業價格制定者的地位。

3.採用捆綁定價的做法

捆綁定價是一種極其有效的二級差別定價方法，捆綁同時還有創造新產品的功能，可以弱化產品間的可比性，在深度銷售方面也能發揮積極作用。

4.將產品分爲不同的版本

該方法對於固定生產成本極高、邊際生產成本很低的資訊類產品更加有效，而這類產品恰好也是網上零售的主要品種。

當然，爲有效控制風險，有時在開始大規模實施差別定價策略前還要進行眞正意義上的試驗，具體操作上不僅要像亞馬遜那樣限制進行試驗的商品的品種，而且更重要地是要限制參與試驗的顧客的人數，借助於個性化的網路傳播手段，做到這點是不難的。

實際上，正如貝佐斯向公衆所保證過的，亞馬遜此後再也沒有作過類似的差別定價試驗，結果，依靠成本領先的平價策略，亞馬遜後來終於在二〇〇一年第四季實現了單季淨贏利，在二〇〇二年實現了主營業務全年贏利。

綜上所述，在網路行銷中運用差別定價策略存在著很大的風險，在選擇使用時必須愼之又愼，否則，很可能適得其反，給公司經營造成許多麻煩。在實施差別定價策略時，透過使產品差別化而避免赤裸裸的差別定價是避免失敗的一個關鍵所在。

最佳適合於網站海外推廣的十大頂級搜索引擎

一、Google

免費搜索引擎。頂部搜索結果將列入Look Smart，Yahoo，及Open Source Directory.

Google非常留意外部鏈結，如果一個網站有較多品質較好的外部鏈結，將獲得較高的排名。它的Ad Words / Ad Select也將作爲查詢結果顯示。

二、Yahoo

一致公認的最佳搜索引擎（嚴格說是分類目錄），它的web查詢結果來自Google收錄在它分類目錄中的網站。其查詢結果以分類目錄的查詢結果顯示。商業站點收錄至分類目錄的年費用爲二九九美元，它將用幾周到幾月的時間才會給您結果，告訴您網站最終是否被收錄。

三、MSN Search Microsoft的MSN Search

由Look Smart支援，二級查詢結果由Inktomi提供。Overture（嚴格說是PPC搜索引擎）將頂部的查詢結果提供給MSN，爲對MSN成功優化網站，那麼必須仔細考慮Look Smart和Inktomi的排名要求。在某些情況下，DirectHit的查詢結果也會表現在該搜索引擎上。

四、Overture前身GoTo.com

嚴格來說是PPC搜索引擎。它的搜索結果將列入Yahoo，MSN，Altavista等搜索引擎。

五、AOL Search

從Google搜索資料庫中獲得查詢結果。想在AOL中獲得好的排名應該關心Google的排名規則。

六、Open Directory

該開放目錄是志願編輯人員預審的搜索引擎目錄，它的查詢結果和NetScape，AOL，Google，Lycos等共用。

七、Lycos

該分類目錄搜索引擎查詢結果來自Fast／All The Web，Overture和Open Source Directory.

八、Ask Jeeves

擁有人工編輯分類目錄和來自Teoma的搜索引擎爬行結果。Overture作爲贊助商，查詢結果也將出現在該搜索引擎的結果中。

九、Look Smart

Zeal人工編輯搜索引擎分類目錄，支援MSN及Excite等較多的合作夥伴。當Look Smart搜索無果時，由Inktomi提供搜索結果。

十、AltaVista

老的搜索引擎之一，至今仍然在搜索引擎中佔有重要地位。它有免費網站登陸及收費網站登陸兩種。

網上開店有技巧

一、讓商品找到「門派」

在上架之前就要考慮好商品的分類。選擇一個適合的分類有利於顧客快速從頁面的引導中找到你，這也是電子商務的主要訣竅之一。這招有幾個要訣：

別忙著瞎選一個分類。選擇之前先完整看看給你開放的所有分類，再仔細斟酌哪個最合適。

如果商品有多種屬性，比如，十字繡的手機飾品，它既可屬於刺繡類品、又可以屬於手機飾品，還可以算禮品。那麼除了添加主分類外還應該爲其添加從屬分類，每個商品最多可添加一個主分類（必選）和兩個從屬分類。這樣，客戶就找到你這個寶貝的可能性就大了三倍。

二、取個好名字

商品名稱應盡可能以簡潔的語言概括出商品的特質，力求規範，讓人一看就能大致了解商品的基本資訊，而且便於從搜索引擎中找到。一般網站推薦使用的商品名稱格式是：品牌＋商品名＋規格＋說明。

例一：

「15ml的蘭蔻無油型光彩營養眼霜」的商品名稱至少應該是：蘭蔻（品牌）＋光彩營養眼霜（商品名）＋15ml（規格）＋（無油型）說明，即：蘭蔻光彩營養眼霜15ml（無油型）。

例二：

一套七張ＤＶＤ並且附送精美卡片的《丁丁歷險記》可以寫成：丁丁歷險記（商品名）＋**7DVD**（規格）＋附送卡片（說明）即：《丁丁歷險記》**7DVD**（附送卡片）。

在商品名稱中應避免出現各種各樣所謂「個性化」的符號，比如【】●★▲■之類。第一，給人感覺不夠專業，會有點像小攤販一樣，大大降低了信任度。第二、某些符號可能導致商品名不能正常顯示。

三、好東西要放門口

限於購買了商鋪的商家，怎麼才能讓顧客在你的店裡第一眼就看到了吸引他眼球的東西？這就需要做好商品推薦，推薦是根據時間排序，推薦時間越晚，顯示的位置越靠上方。如果您什麼也沒推薦，就等於默認爲顯示所有商品，它會自動分頁。所以花點工夫，盤點一下你的寶貝，讓最好賣的東西出現在最上面。

四、圖片，決定了一見能否鍾情

商品圖片是你給顧客的第一印象。一幅模模糊糊的商品圖給人的感覺非常不好，就像一張不乾淨的臉，吸引不了人的注意。圖片可以從網上搜尋，現在大部分的廠商有自己的網站，可以從他們的產品介紹中擇取圖片；另外還可以掃描產品手冊，以合適的解析度掃描出來的圖片都是比較清晰的，這兩種方法既快捷又美觀。如果還不行，那最好找一個攝影技術較好的人來拍照，事後用圖片處理軟體修改一下也能達到不錯的效果。如果你花幾個週末學習修圖軟體之類的「化妝工具」，讓圖片出門前多少來點合適的美化，就更好了。

五、笑臉相迎，還要手腳快速

好不容易終於有人看上了你的寶貝，而且從那麼難打開的錢包裡面掏了錢，訂了你的商品，不用說，應該最快速有效地處理訂單，並提供良好的客戶服務。不僅如此，它很有可能爲您帶來意想不到的收穫：口碑的宣傳效果不可小視，它無需你大費口舌去取信於人，很有可能一次用心的付出換來長期的回報。當然，如果客戶投訴他付了錢沒有及時買到東西，那麼你不僅損失了生意，還可能拿不到該結算的貨款。

六、聯絡感情，搞好關係

對於曾經購買過您的商品的顧客，您可以定期進行回訪，比如在出貨後不久就詢問顧客是否收到、在一個月後詢問顧客是否滿意，在兩個月後問是否有建議，或者有沒有其他需要的商品……讓顧客感受到你的重視，還可以培養他們的消費習慣。一旦習慣了在你這買東西，一個義務的宣傳員就有了。重要的是這樣的成本非常低，訪問的形式可以是幾毛錢的電話、一塊錢的簡訊、不花錢的郵件，何樂而不爲。

七、做老實人

誠信是商業發展的根本，千萬別爲了揀芝麻似的小利，丟了發展的大西瓜。不可能有上了一次當還再來上第二次當的，所以在組織貨源、出貨時都要多加注意，杜絕仿冒僞劣、次級品流向消費者。當然，如果發生這樣的事情，廠商應該是向著消費者的，無論彼此的關係有多好。

網上開店三大難點

現在各種形式的電子商務平台不斷出現，許多大型網站也都開設了網上商城的業務，供應商開辦網上商店，以較少的投入和比較簡單的技術要求開展網上銷售業務，爲推進電子商務應用發揮了積極作用，一些企業和個人也利用這種方式取得了一定收益。但開設網上商店並不像一些網站宣傳的那麼簡單，在「五分鐘開展電子商務」的背後，是無數用戶在探索網上開店過程中遇到形形色色的難題，這種狀況也在很大程度上影響了網上商城業務的發展。網上開店難的問題主要表現在三個方面：選擇電子商務平台難、網上商店建設難、網店業務推廣難。

一、關於網上商店平台的選擇

網上開店不僅依靠網上商店平台（網上商城）的基本功能和服務，而且顧客主要也來自於該網上商城的造訪者，因此，平台的選擇非常重要，但用戶在選擇網上商店平台時往往存在一定的決策風險。尤其是初次在網上開店，由於經驗不足以及對網店平台了解比較少等原因而帶有很大的盲目性。有些網上商城沒有基本的招商說明，收費標準也不明確，只能通過電話諮詢，這也為選擇網店平台帶來一定的困惑。

不同網上商店平台的功能、服務、操作方式和管理水準相差較大，理想的電子商務平台應該具有這樣的基本特徵：良好的品牌形象、簡單快捷的申請手續、穩定的後台技術、快速周到的顧客服務、完善的支付體系、必要的配送服務，以及售後服務保證措施等等。當然，還需要有盡可能高的造訪量、具備完善的網店維護和管理、訂單管理等基本功能，並且可以提供一些高級服務，如對網店的推廣、網店訪問流量分析等。

此外，收費模式和費用標準也是重要的影響因素之一。不同的企業可能對網上銷售有不同的特殊要求，選擇適合自己企業產品特性的電子商務平台需要花費不少精力，完成對電子商務平台的選擇確認過程大概需要幾小時甚至幾天的時間，不過，這點前期研究的時間投入是值得的，可以最大可能地減小盲目性，增加成功的可能性。

二、關於網上商店建設的問題

一般的專業網店平台具有豐富的功能和簡單的操作介面，透過範本式的操作即可完成網上商店的建設，但由於不同的網站所採用的系統具有很大的區別，有些只需要直接上傳產品圖片和文字說明，有些則需要自己對店面進行進階管理。據對國內部分電子商務平台的試用和了解，一個普遍存在的現象是，對建立和經營網上商店的說明不足，尤其是開店前應準備哪些資料、對這些資料的格式和標準有什麼要求等比較欠缺，用戶不得不自己反復摸索，甚至不得不放棄。因此，即使具有很完善的功能，對於不了解這個系統特點的用戶來說，網店建設仍然是複雜的。此外，由於網上商店平台採用範本式的結構，對於部分用戶的個性化要求就有很大限制，有些必要的需求無法利用現有功能得到滿足，這也是讓用戶覺得網上商店建設並不簡單的原因之一。

三、關於網上商店推廣的問題

當網上商店建置好之後，最重要的問題就是如何讓更多的顧客流覽並購買，但這種建立在第三方電子商務平台上的網上商店與一般企業網站的推廣有很大的不同。這是因爲，網上商店並不是一個獨立的網站，對於整個電子商務平台來說，可能排列著數以千計的專賣店，一個網上專賣店只是其中很小的組成部分，通常被隱藏在第二層甚至第三層目錄之後，用戶可以直接發現的可能性比較小，何況同一個網站上還有很多競爭者的專賣店在和你爭奪有限的潛在顧客資源。網店的客戶主要來自於該電子商務平台的用戶，因此對平台網站的依賴程度很高，這在一定程度上對網上商店的效果形成了制約，如何在數量衆多的網上商店中脫穎而出，並不是很容易的事情，這需要依靠電子商務平台提供商和商家雙方的共同努力。

如果獲得平台提供商在主要頁面的特別推薦，是直接和有效的方式，但這種機會並不是很多，因此往往還要靠網店經營者自己採取一定的推廣手段，比如爲網上商店申請一個獨立功能變數名稱、將網上商店登記在搜索引擎、或者在其他網站進行介紹，甚至播放一定的網路廣告等。但是這樣的推廣也存在一定的風險，即使經營者自己通過一定的推廣手段獲得一些潛在用戶訪問，這些用戶來到網上商店之後也有被其他商品吸引的可能。

網站推廣的方式方法

八十%的使用者習慣透過搜索引擎尋找自己需要的資訊。將網站登錄到盡可能多的搜索引擎，可以使網站更容易被需要的人找到。

一、註冊搜索引擎

在中國國內外各大搜索引擎登錄。如Yahoo，Sohu，Sina，Google，163.com，baidu，263，廣州視窗，Tom，21cn，中華網，騰訊lycos，msn，AltaVista，3721等等，可以按公司名、行業性質或按產品類型進行有效性搜索。加大了公司的廣告力度，也方便潛在顧客在網上對公司的了解。

技巧一：選擇關鍵字

選擇錯誤的關鍵字將使您的努力付之東流。相反，一旦選擇了正確的關鍵字，你就可使網站訪問量飆升。

以下有幾個很好的關鍵字選擇原則：

1. **把自己放在來訪者的角度上去看問題。**
2. **找出你的競爭對手所使用的關鍵字。**
3. **儘量使你的關鍵字詞短小。**
4. **選擇合適的片語組合。**

如想在「旅遊」這個關鍵字上得到第一名的排名簡直是浪費時間，而且用戶得到大量的頁面經常被十分輕鬆地放棄，單個關鍵字得不到目標流量，很多用戶意識到用二至三個片語組合最佳，如組合：澳大利亞旅遊、澳大利亞代理、代理澳大利亞旅遊。

對Yahoo的註冊不能草率了事。

原因：Yahoo是目前最重要也是最難進入的目錄，提交資訊會被眞正的編輯審查，所以要規定的指示去做。

例如：

1. 確定查詢關鍵字，以瓷磚爲例。

2. 確定在Yahoo網站中相應的目錄下提交正確的URL進行註冊，如：商業與經濟→公司→建設營造→地面、牆壁及天花板→瓷磚。或者：區域→國家與地域→中國大陸→省級行政區→福建省→商業→建設營造→瓷磚。

3. 註冊工作比較煩瑣，但請耐心注意以下幾個問題：

從Yahoo中文首頁逐層查找到最具體適合的頁面。

註冊時注意提交有內容的頁面，不一定是主頁。而提交前要檢查頁面中是否有死鏈結。也不要試圖使用太多的圖像，以避免下載時間過長，不要有任何「正在建設中」的網頁。不必加入有感情色彩的關鍵字，Internet中常用的一些辭彙不要用。

技巧二：網頁標題或摘要中一定要含有查詢關鍵字

即使您排在搜索結果的第一位，擊點率可能高至九十%以上，也可能低至十%以下，決定因素是您的網頁摘要的相關性。而用戶判斷相關性的首要因素是您的網頁標題或摘要中是否含有他輸入的關鍵字。所以您一定要配合您選擇的關鍵字，認眞塡寫您的網頁摘要，使您的網頁摘要與各關鍵字相關，以吸引訪問者。登陸搜尋引擎，首先必須先寫好自己網站的標題和簡介，做到每個搜尋引擎登陸時註冊填寫網站介紹一致。文字突出產品，簡單，概括性強。

二、發佈資訊

在大型的電子商務網站註冊成爲會員，或在相關網站的ＢＢＳ、論壇、聊天室等發佈相關資料。

第一，特別是網路貿易網站，如全球最大的商務網站：阿里巴巴，美商網；電子元器件商務網站：中國電子交易網，元器件網；通信網站等。這樣就形成了一種讓商家能夠找得到我們的一種有價值的廣告市場。環球資源（前身爲亞洲資源），外商看中國的首選網站。貿易通道（總部在荷蘭）立足於世界的商業網站。國富通，中國外經貿部站點，也是中國外貿的視窗。

第二，在自己行業的門戶網站或政府網站作註冊，定時發佈資訊或作友情鏈結。

第三，可以到各大論壇、社區、ＢＢＳ、IRC、Chatroom，發廣告、拉人，不過要注意順應主題，以免當成灌水文章被封殺就不妙了。最好是提出相關的問題或回應，同時附帶上將自己主頁的賣點做上鏈結，能畫龍點睛最好。

三、友情鏈結

爲了增加有效率的訪問，可與同行業或同性質的網站（但不是競爭對手）作友情鏈結，爲了不影響版面的混亂可採取三種形式的鏈結：

1. 文字鏈結。
2. BAR的鏈結，包括交換廣告的鏈結。
3. LOGO的鏈結。

四、網路正名註冊

網路正名是最快捷、最方便的網路訪問方式。無需http、www、com的企業、產品、品牌的名稱就是名稱，輸入中英文、拼音及其簡稱均可直達目標。費用幾百元人民幣一年，正因爲如此，網路正名越來越被廣大民衆所接受，越來越多的人透過網路名字的方式查找網站。所以，註冊和企業的產品相關的網路名字，能使人更容易找到你的企業網站，達到宣傳的目的。

五、電子郵件

電子郵件不僅僅用來宣傳和推廣，還可利用它進行客戶關係管理。在每封電子郵件後都需註明自己公司的網址，且歡迎流覽。

六、媒介宣傳

1. 公司內部的員工都應該知道自己公司的網址，教育員工要時常使用，使其有效推廣——人爲宣傳。
2. 在公司名片、信封、文具、宣傳刊物等對內對外資料中須標明網址——實物宣傳。
3. 在公司所有對外廣告中、紀念品中添加網址宣傳——媒體宣傳。
4. 借助相關媒體進行適當宣傳，如網路廣告、新聞、廣播、報刊雜誌——媒體宣傳。
5. 下載郵件群發軟體，這些軟體如果公司購買不划算，可請網站公司代辦，但著名的商務網站還是自己手工註冊好——利用商務軟體推廣。

注意：更新與推廣是一項長期的工作，每隔一個星期須更改一下版面，哪怕是一

幅圖片，每隔兩個星期應主動再註冊登入，註冊過或發佈過的資訊最好作電子文檔存檔。讓推廣形成一種習慣。

搶賺人民幣的金雞母

作　　者　范修初

發 行 人　林敬彬
主　　編　楊安瑜
編　　輯　蔡穎如
美術編排　玉馬門創意設計有限公司
封面設計　玉馬門創意設計有限公司

出　　版　大都會文化　行政院新聞局北市業字第89號
發　　行　大都會文化事業有限公司
110台北市信義區基隆路一段432號4樓之9
讀者服務專線：（02）27235216
讀者服務傳真：（02）27235220
電子郵件信箱：metro@ms21.hinet.net
網　　　址：www.metrobook.com.tw

郵政劃撥　14050529　大都會文化事業有限公司
出版日期　2008年4月初版一刷
定　　價　250元

ISBN　978-986-6846- 27-4
書　　號　Success-031

Metropolitan Culture Enterprise Co., Ltd.
4F-9, Double Hero Bldg., 432, Keelung Rd., Sec. 1,
Taipei 110, Taiwan
Tel:+886-2-2723-5216　Fax:+886-2-2723-5220
E-mail:metro@ms21.hinet.net
Web-site:www.metrobook.com.tw

國家圖書館出版品預行編目資料

搶賺人民幣的金雞母 / 范修初 著．
－－初版．－臺北市：大都會文化，2008．04
面；　公分．－（Success；31）
ISBN 978-986-6846-27-4（平裝）
1．零售業 2．商店管理 3．創業 4．中國

498.2　　96023206

度小月系列

書名	定價	書名	定價
路邊攤賺大錢【搶錢篇】	280元	路邊攤賺大錢2【奇蹟篇】	280元
路邊攤賺大錢3【致富篇】	280元	路邊攤賺人錢4【飾品配件篇】	280元
路邊攤賺大錢5【清涼美食篇】	280元	路邊攤賺大錢6【異國美食篇】	280元
路邊攤賺大錢7【元氣早餐篇】	280元	路邊攤賺大錢8【養生進補篇】	280元
路邊攤賺大錢9【加盟篇】	280元	路邊攤賺大錢10【中部搶錢篇】	280元
路邊攤賺大錢11【賺翻篇】	280元	路邊攤賺大錢12【大排長龍篇】	280元

DIY系列

書名	定價	書名	定價
路邊攤美食DIY	220元	嚴選台灣小吃DIY	220元
路邊攤超人氣小吃DIY	220元	路邊攤紅不讓美食DIY	220元
路邊攤流行冰品DIY	220元	路邊攤排隊美食DIY	220元

流行瘋系列

書名	定價	書名	定價
跟著偶像FUN韓假	260元	女人百分百—男人心中的最愛	180元
哈利波特魔法學院	160元	韓式愛美大作戰	240元
下一個偶像就是你	180元	芙蓉美人泡澡術	220元
Men力四射—型男教戰手冊	250元	男體使用手冊—35歲+♂保健之道	250元
想分手？這樣做就對了！	180元		

生活大師系列

書名	定價	書名	定價
遠離過敏—打造健康的居家環境	280元	這樣泡澡最健康—紓壓·排毒·瘦身三部曲	220元
兩岸用語快譯通	220元	台灣珍奇廟—發財開運祈福路	280元
魅力野溪溫泉大發見	260元	寵愛你的肌膚—從手工香皂開始	260元

舞動燭光—手工蠟燭的綺麗世界	280元	空間也需要好味道—打造天然香氛的68個妙招	260元
雞尾酒的微醺世界—調出你的私房Lounge Bar風情	250元	野外泡湯趣—魅力野溪溫泉大發見	260元
肌膚也需要放輕鬆—徜徉天然風的43項舒壓體驗	260元	辦公室也能做瑜珈—上班族的紓壓活力操	220元
別再說妳不懂車—男人不教的Know How	249元	一國兩字—兩岸用語快譯通	200元
宅典	288元		

寵物當家系列

Smart養狗寶典	380元	Smart養貓寶典	380元
貓咪玩具魔法DIY—讓牠快樂起舞的55種方法	220元	愛犬造型魔法書—讓你的寶貝漂亮一下	260元
漂亮寶貝在你家—寵物流行精品DIY	220元	我的陽光·我的寶貝—寵物眞情物語	220元
我家有隻麝香豬—養豬完全攻略	220元	SMART養狗寶典（平裝版）	250元
生肖星座招財狗	200元	SMART養貓寶典（平裝版）	250元
SMART養兔寶典	280元	熱帶魚寶典	350元
Good Dog—聰明飼主的愛犬訓練手冊	250元		

人物誌系列

現代灰姑娘	199元	黛安娜傳	360元
船上的365天	360元	優雅與狂野—威廉王子	260元
走出城堡的王子	160元	殤逝的英格蘭玫瑰	260元
貝克漢與維多利亞—新皇族的眞實人生	280元	幸運的孩子—布希王朝的眞實故事	250元
瑪丹娜—流行天后的眞實畫像	280元	紅塵歲月—三毛的生命戀歌	250元
風華再現—金庸傳	260元	俠骨柔情—古龍的今生今世	250元

她從海上來—張愛玲情愛傳奇	250元	從間諜到總統—普丁傳奇	250元
脫下斗篷的哈利— 丹尼爾·雷德克里夫	220元	蛻變— 章子怡的成長紀實	260元
強尼戴普— 可以狂放叛逆，也可以柔情感性	280元	棋聖 吳清源	260元
華人十大富豪—他們背後的故事	250元		

心靈特區系列

每一片刻都是重生	220元	給大腦洗個澡	220元
成功方與圓— 改變一生的處世智慧	220元	轉個彎路更寬	199元
課本上學不到的33條人生經驗	149元	絕對管用的38條職場致勝法則	149元
從窮人進化到富人的29條處事智慧	149元	成長三部曲	299元
心態— 成功的人就是和你不一樣	180元	當成功遇見你— 迎向陽光的信心與勇氣	180元
改變，做對的事	180元	智慧沙	199元 （原價300元）
課堂上學不到的100條人生經驗	199元 （原價300元）	不可不防的13種人	199元 （原價300元）
不可不知的職場叢林法則	199元 （原價300元）	打開心裡的門窗	200元
不可不慎的面子問題	199元 （原價300元）	交心— 別讓誤會成為拓展人脈的絆腳石	199元 （原價300元
方圓道	199元	12天改變一生	199元 （原價280元）
氣度決定寬度	220元	轉念—扭轉逆境的智慧	220元
氣度決定寬度2	220元		

SUCCESS 系列

七天狂銷戰略	220元	打造一整年的好業績 店面經營的72堂課	200元 200元
超級記憶術— 改變一生的學習方式	280元	管理的鋼— 商戰存活與突圍的25個必勝錦囊	200元

書名	定價	書名	定價
搞什麼行銷—152個商戰關鍵報告	220元	精明人聰明人明白人—態度決定你的成敗	250元
人脈=錢脈—改變一生的人際關係經營術	180元	週一清晨的領導課	160元
搶救貧窮大作戰の48條絕對法則	220元	搜驚・搜精・搜金—從Google的致富傳奇中，你學到了什麼？	199元
絕對中國製造的58個管理智慧	200元	客人在哪裡？—決定你業績倍增的關鍵細節	200元
殺出紅海—漂亮勝出的104個商戰奇謀	220元	商戰奇謀36計—現代企業生存寶典I	180元
商戰奇謀36計—現代企業生存寶典II	180元	商戰奇謀36計—現代企業生存寶典III	180元
幸福家庭的理財計畫	250元	巨賈定律—商戰奇謀36計	498元
有錢眞好！輕鬆理財的10種態度	200元	創意決定優勢	180元
我在華爾街的日子	220元	贏在關係—勇闖職場的人際關係經營術	180元
買單！一次就搞定的談判技巧	199元（原價300元）	你在說什麼？—39歲前一定要學會的66種溝通技巧	220元
與失敗有約—13張讓你遠離成功的入場券	220元	職場AQ—激化你的工作DNA	220元
智取—商場上一定要知道的55件事	220元	鏢局—現代企業的江湖式生存	220元
到中國開店正夯《餐飲休閒篇》	250元	勝出—抓住富人的58個黃金錦囊	220元
搶賺人民幣的金雞母	250元		

大都會健康館系列

書名	定價	書名	定價
秋養生—二十四節氣養生經	220元	春養生—二十四節氣養生經	220元
夏養生—二十四節氣養生經	220元	冬養生—二十四節氣養生經	220元（原價550元）
春夏秋冬養生套書	220元（原價880元）	寒天—0卡路里的健康瘦身新主義	200元
地中海纖體美人湯飲	220元	居家急救百科	399元

病由心生— 365天的健康生活方式	220元	輕盈食尚— 健康腸道的排毒食方	220元
樂活，慢活，愛生活— 健康原味生活501種方式	250元	24節氣養生食方	250元
24節氣養生藥方	250元		

CHOICE系列

入侵鹿耳門	280元	蒲公英與我—聽我說說畫	220元
入侵鹿耳門（新版）	199元	舊時月色（上輯+下輯）	各180元
清塘荷韻	280元	飲食男女	200元
梅朝榮品諸葛亮	280元		

FORTH系列

印度流浪記—滌盡塵俗的心之旅	220元	胡同面孔— 古都北京的人文旅行地圖	280元
尋訪失落的香格里拉	240元	今天不飛—空姐的私旅圖	220元
紐西蘭奇異國	200元	從古都到香格里拉	399元
馬力歐帶你瘋台灣	250元	瑪杜莎艷遇鮮境	180元

大旗藏史館系列

大清皇權遊戲	250元	大清后妃傳奇	250元
大清官宦沉浮	250元	大清才子命運	250元
開國大帝	220元	圖說歷史故事—先秦	250元
圖說歷史故事一秦漢魏晉南北朝	250元	圖說歷史故事—隋唐五代兩宋	250元
圖說歷史故事一元明清	250元	中華歷代戰神	220元
圖說歷史故事全集	880元 （原價1000元）	人類簡史一我們這三百萬年	280元

大都會運動館系列

野外求生寶典— 活命的必要裝備與技能	260元	攀岩寶典— 安全攀登的入門技巧與實用裝備	260元

風浪板寶典—
駕馭的駕馭的入門指南與技術提升 260元

登山車寶典—
鐵馬騎士的駕馭技術與實用裝備 260元

馬術寶典—騎乘要訣與馬匹照護 350元

大都會休閒館

賭城大贏家—逢賭必勝祕訣大揭露 240元

旅遊達人—
行遍天下的109個Do & Don't 250元

萬國旗之旅—輕鬆成爲世界通 240元

大都會手作館

樂活，從手作香皀開始 220元

Home Spa & Bath—
玩美女人肌膚的水嫩體驗 250元

人脈=錢脈—改變一生的
人際關係經營術（典藏精裝版） 199元

超級記憶術—
改變一生的學習方式 220元

FOCUS系列

中國誠信報告 250元

中國誠信的背後 250元

誠信—中國誠信報告 250元

禮物書系列

印象花園 梵谷 160元

印象花園 莫內 160元

印象花園 高更 160元

印象花園 竇加 160元

印象花園 雷諾瓦 160元

印象花園 大衛 160元

印象花園 畢卡索 160元

印象花園 達文西 160元

印象花園 米開朗基羅 160元

印象花園 拉斐爾 160元

印象花園 林布蘭特 160元

印象花園 米勒 160元

絮語說相思 情有獨鍾 200元

工商管理系列

二十一世紀新工作浪潮 200元

化危機爲轉機 200元

美術工作者設計生涯轉轉彎	200元	攝影工作者快門生涯轉轉彎	200元
企劃工作者動腦生涯轉轉彎	220元	電腦工作者滑鼠生涯轉轉彎	200元
打開視窗說亮話	200元	文字工作者撰錢生活轉轉彎	220元
挑戰極限	320元	30分鐘行動管理百科（九本盒裝套書）	799元
30分鐘教你腦內自我革命	110元	30分鐘教你樹立優質形象	110元
30分鐘教你錢多事少離家近	110元	30分鐘教你創造自我價值	110元
30分鐘教你Smart解決難題	110元	30分鐘教你如何激勵部屬	110元
30分鐘教你掌握優勢談判	110元	30分鐘教你如何快速致富	110元
30分鐘教你提昇溝通技巧	110元		

精緻生活系列

女人窺心事	120元	另類費洛蒙花落	180元
花落	180元		

CITY MALL系列

別懷疑！我就是馬克大夫	200元	愛情詭話	170元
唉呀！真尷尬	200元	就是要賴在演藝圈	180元

親子教養系列

孩童完全自救寶盒（五書+五卡+四卷錄影帶）	3,490元（特價2,490元）
孩童完全自救手冊—這時候你該怎麼辦（合訂本）	299元
我家小孩愛看書—Happy學習easy go！	200元
天才少年的5種能力	250元
哇塞！你身上有蟲！—學校忘了買、老師不敢教，史上最髒的科學書	250元

◎關於買書：

1. 大都會文化的圖書在全國各書店及誠品、金石堂、何嘉仁、搜主義、敦煌、紀伊國屋、諾貝爾等連鎖書店均有販售，如欲購買本公司出版品，建議你直接洽詢書店服務人員以節省您寶貴時間，如果書店已售完，請撥本公司各區經銷商服務專線洽詢。
   北部地區：(02)85124067　桃竹苗地區：(03)2128000　中彰投地區：(04)27081282
   雲嘉地區：(05)2354380　臺南地區：(06)2642655　高屏地區：(07)3730079

2. 到以下各網路書店購買：
   大都會文化網站（http://www.metrobook.com.tw)
   博客來網路書店（http://www.books.com.tw)
   金石堂網路書店（http://www.kingstone.com.tw)

3. 到郵局劃撥：
   戶名：大都會文化事業有限公司　帳號：14050529

4. 親赴大都會文化買書可享8折優惠。

大都會文化　**讀者服務卡**

書號：Success031　搶賺人民幣的金雞母

謝謝您選擇了這本書！期待您的支持與建議，讓我們能有更多聯繫與互動的機會。
日後您將可不定期收到本公司的新書資訊及特惠活動訊息。

A. 您在何時購得本書：________年________月________日

B. 您在何處購得本書：__________書店（便利超商、量販店），位於　　　（市、縣）

C. 您從哪裡得知本書的消息：1.□書店 2.□報章雜誌 3.□電台活動 4.□網路資訊
5.□書籤宣傳品等 6.□親友介紹 7.□書評 8.□其他__________

D. 您購買本書的動機：（可複選）1.□對主題和內容感興趣 2.□工作需要 3.□生活需要
4.□自我進修 5.□內容為流行熱門話題 6.□其他__________

E. 您最喜歡本書的：（可複選）1.□內容題材 2.□字體大小 3.□翻譯文筆 4.□封面
5.□編排方式 6.□其他__________

F. 您認為本書的封面：1.□非常出色 2.□普通 3.□毫不起眼 4.□其他__________

G. 您認為本書的編排：1.□非常出色 2.□普通 3.□毫不起眼 4.□其他__________

H. 您通常以哪些方式購書：（可複選）1.□逛書店 2.□書展 3.□劃撥郵購 4.□團體訂購
5.□網路購書 6.□其他__________

I. 您希望我們出版哪類書籍：（可複選）1.□旅遊 2.□流行文化 3.□生活休閒
4.□美容保養 5.□散文小品 6.□科學新知 7.□藝術音樂 8.□致富理財 9.□工商管理
10.□科幻推理 11.□史哲類 12.□勵志傳記 13.□電影小說 14.□語言學習（____語）
15.□幽默諧趣 16.□其他__________

J. 您對本書（系）的建議：__________

K. 您對本出版社的建議：__________

讀者小檔案

姓名：__________　性別：□男 □女　生日：____年____月____日

年齡：□20歲以下 □20～30歲 □31～40歲 □41～50歲 □50歲以上

職業：1.□學生 2.□軍公教 3.□大眾傳播 4.□服務業 5.□金融業 6.□製造業
7.□資訊業 8.□自由業 9.□家管 10.□退休 11.□其他__________

學歷：□國小或以下 □國中 □高中／高職 □大學／大專 □研究所以上

通訊地址：__________

電話：(H)__________ (O)__________ 傳真：__________

行動電話：__________ E-Mail：__________

◎謝謝您購買本書，也歡迎您加入我們的會員，請上大都會網站
www.metrobook.com.tw 登錄您的資料，您將不定期收到最新圖書優惠資訊及電子報。

搶賺人民幣的金雞母

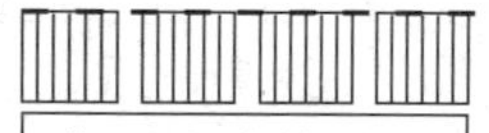

北 區 郵 政 管 理 局
登記證北台字第9125號
免 貼 郵 票

大都會文化事業有限公司

讀者服務部收

110台北市基隆路一段432號4樓之9

寄回這張服務卡（免貼郵票）

您可以：

◎不定期收到最新出版訊息

◎參加各項回饋優惠活動

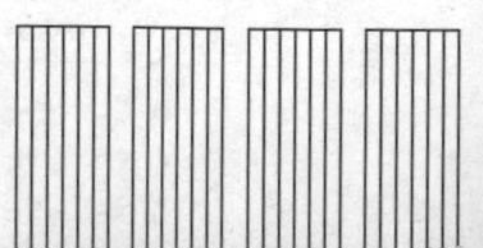

大都會文化
METROPOLITAN CULTURE

大都會文化
METROPOLITAN CULTURE

大都會文化
METROPOLITAN CULTURE

大都會文化
METROPOLITAN CULTURE